안녕~
만나서 반가워!

그림으로 개념 잡는

초등수학

3-1

책의 구성

이렇게 공부해 봐~

1 개념 만나기

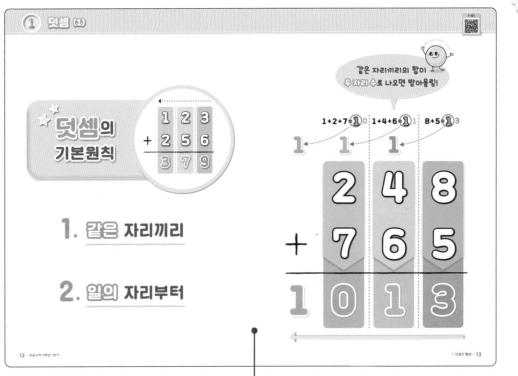

꼭 알아야 하는 중요한 개념이 여기에 들어있어.

그냥 넘어가지 말고 꼼꼼히 살펴봐~

2 개념 쏙쏙과 개념 익히기

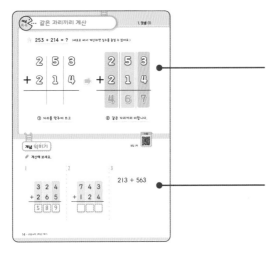

개념 만나기에서 설명한 내용을

수학적으로 정리해 놓은 부분이지.

그래서 이름도 개념 쏙쏙이야.

개념을 쏙쏙 친구의 것으로 만들었으면,

제대로 이해했는지 문제로 확인해보는 게 좋겠지?

개념 익히기로 가볍게 개념을 확인해 봐~

3 ┃ 개념 **다지기**와 개념 **펼치기**

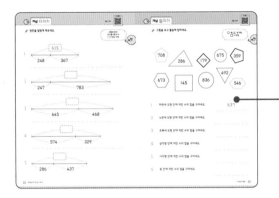

배운 개념을 문제를 통하여 우리 친구의 것으로
완벽히 만들어주는 과정이지.

그러니까 건너뛰는 부분 없이 다 풀어봐야 해~
수학의 원리를 연습할 수 있는
아주아주 좋은 문제들로만 엄선했다구.

4 ┃ 각 단원의 끝에는 개념 **마무리**

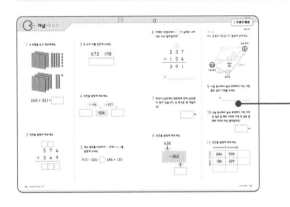

얼마나 잘 이해했는지
스스로 확인해 봐~

5 ┃ **QR코드**

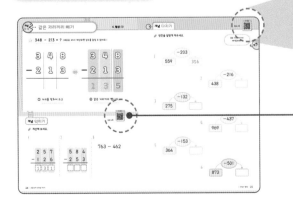

걱정하지 마~

매 페이지 구석구석에 개념 설명과
문제 풀이 강의가 QR코드로 들어있다구~
혼자 공부하기 어려운 친구들은
QR코드를 스캔해 봐~

3학년 1학기 추천 진도표

START

1 덧셈과 뺄셈

시작!

공부 1일
(p.12-17)

1. 덧셈(1)
2. 덧셈(2)

☺ 😐 ☹

얼마나 잘 했는지 스스로 표시해 봐~

공부 2일
(p.18-23)

3. 덧셈(3)

☺ 😐 ☹

공부 3일
(p.24-29)

4. 뺄셈(1)
5. 뺄셈(2)

☺ 😐 ☹

공부 4일
(p.30-33)

6. 뺄셈(3)

☺ 😐 ☹

공부 5일
(p.34-37)

개념 마무리

☺ 😐 ☹

공부 6일
(p.40-45)

1. 선의 종류

☺ 😐 ☹

2 평면도형

공부 23일
(p.140-147)

2. m보다 큰 단위
3. 길이와 거리의 어림

☺ 😐 ☹

공부 22일
(p.134-139)

1. cm보다 작은 단위

☺ 😐 ☹

공부 21일
(p.128-131)

개념 마무리

☺ 😐 ☹

공부 20일
(p.122-127)

5. (몇십몇)×(몇)(4)

☺ 😐 ☹

공부 19일
(p.118-121)

4. (몇십몇)×(몇)(3)

☺ 😐 ☹

공부 24일
(p.148-151)

4. 1분보다 작은 단위

☺ 😐 ☹

5 길이와 시간

공부 25일
(p.152-155)

5. 시간의 합과 차(1)

☺ 😐 ☹

6 분수와 소수

공부 26일
(p.156-159)

6. 시간의 합과 차(2)

☺ 😐 ☹

공부 27일
(p.160-163)

개념 마무리

☺ 😐 ☹

공부 28일
(p.166-173)

1. 똑같이 나누기
2. 분수(1)

☺ 😐 ☹

공부 29일
(p.174-181)

3. 분수(2)

☺ 😐 ☹

▶ 참 잘했어요!

FINISH

" 그림으로 개념 잡는 " 초등수학 이 나오게 됐냐면...

초등학교 3학년 수학 교과서를 본 적 있어? 초등학교 3학년 과정에서 배우는 내용은 간단해. 그런데 문제는 간단하지 않을 거야. 문제집이 아닌 교과서에 나오는 문제조차 복잡한 경우가 많아. 1, 2학년 때 배운 내용을 실생활과 연결해 응용하며 푸는 과정 때문이지. 그런 문제는 상당히 복잡하고 어려워. **그러다 보니 익혀야 할 개념을 충분히 연습하지 못한 채 응용문제를 접하게 되고, 이런 수학교육의 현실이 수학을 어렵고 힘든 과목이라고 오해하게 만든 거야.**

그래서 교과서가 어려운 거였구나…

이 책은 지나친 문제풀이 위주의 수학은 바람직하지 않다는 생각에서 출발했어. 초등학교 시기는 수학을 활용하기에 앞서 기초가 되는 개념을 탄탄히 다져야 하는 시기이기 때문이지. 그래서 이 책은 3학년 과정에서 꼭 알아야 하는 개념을 충분히 익힐 수 있도록 만들었어.

응용문제보다는 개념에 좀 더 충실하고, 개념을 연습할 수 있도록 문제를 담았지. 같은 유형의 문제를 엄청 많이 풀어서 기계적으로 반복하는 것이 아니라, 꼭 알아야 하는 개념을 단계적으로 연습할 수 있도록 구성했어. 그러니까 흥미를 잃지 않고 풀 수 있을 거야.

"어렵고 복잡한 문제로 수학에 흥미를 잃어가는 우리 아이들에게 수학은 결코 어려운 것이 아니며 즐겁고 아름다운 학문임을 알려주고 싶었습니다. 이제 우리 아이들은 수학을 누구보다 잘해 나갈 것입니다. " 그림으로 개념 잡는 " 초등수학 이 함께할 테니까요!"

그림으로 개념 잡는 초등수학 3-1

차례

약속해요!

공부를 시작하기 전에
친구는 나랑 약속할 수 있나요?

---

1. 바르게 앉아서 공부합니다.

2. 꼼꼼히 읽고, 개념 설명은 소리 내어 읽습니다.

3. 바른 글씨로 또박또박 씁니다.

4. 책을 소중히 다룹니다.

약속했으면 아래에 서명을 하고, 지금부터 잘 따라오세요~

이름 :   (인)

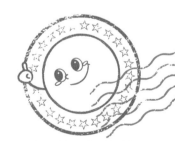

1. 덧셈과 뺄셈

이 단원에서 배울 내용

받아올림 또는 받아내림이 있는 세 자리 수의 덧셈과 뺄셈

덧셈의 기본원칙

1. 같은 자리끼리

2. 일의 자리부터

같은 자리끼리의 합이
두 자리 수로 나오면 받아올림!

$1+2+7=10$ $1+4+6=11$ $8+5=13$

1   1   1

$$
\begin{array}{r}
2\ 4\ 8 \\
+\ 7\ 6\ 5 \\
\hline
1\,0\,1\,3
\end{array}
$$

개념 쏙쏙 ··· 같은 자리끼리 계산

⭐ **253 + 214 = ?** (세로로 써서 계산하면 실수를 줄일 수 있어요.)

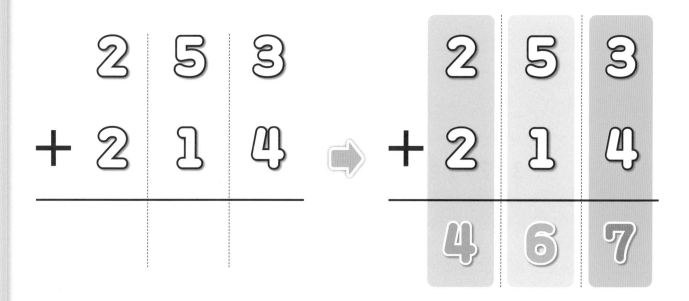

① 자리를 맞추어 쓰고

② 같은 자리끼리 더합니다.

개념 익히기

정답 2쪽

1-02

✏️ 계산해 보세요.

1

$$
\begin{array}{r}
3\ 2\ 4 \\
+\ 2\ 6\ 5 \\
\hline
5\ 8\ 9
\end{array}
$$

2

$$
\begin{array}{r}
7\ 4\ 3 \\
+\ 1\ 2\ 4 \\
\hline
\square\ \square\ \square
\end{array}
$$

3

$$213 + 563$$

개념 다지기

정답 2쪽

✏️ 빈칸을 알맞게 채우세요.

> 중간에 빈칸이 있어도
> 결국은 더하기 문제야!
> 같은 자리, 끼리끼리 더해 봐!

1

```
   1 2 3
 + 5 [5] 6
 ─────────
   [6] 7 9
```

2

```
   7 [ ] 3
 + [ ] 5 [ ]
 ─────────
   8 6 7
```

3

```
   2 [ ] 8
 + [ ] 4 1
 ─────────
   3 6 [ ]
```

4

```
   1 3 [ ]
 + [ ] [ ] 6
 ─────────
   8 4 7
```

5

```
   5 3 4
 + [ ] 6 [ ]
 ─────────
   9 [ ] 5
```

6

```
   4 [ ] 8
 + 3 2 [ ]
 ─────────
   [ ] 7 9
```

7

```
   [ ] 3 [ ]
 + 2 5 8
 ─────────
   4 [ ] 8
```

8

```
   [ ] 4 6
 + 2 [ ] [ ]
 ─────────
   5 8 7
```

... 십의 자리로 받아올림

⭐ **137 + 224 = ?** (세로로 써서 계산하면 실수를 줄일 수 있어요.)

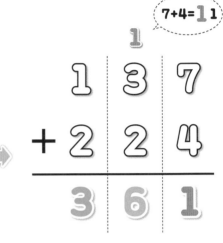

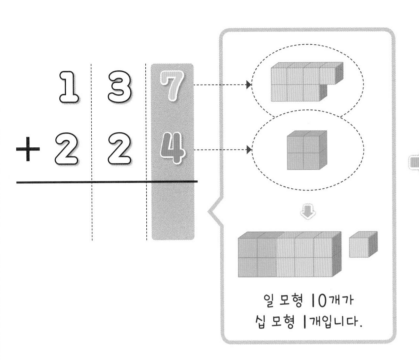

일 모형 I0개가
십 모형 I개입니다.

받아올림하여
같은 자리끼리 계산합니다.

개념 익히기

정답 2쪽

1-04

✏️ 계산해 보세요.

1	2	3

1

```
    2 6 7
  + 3 2 8
  ─────────
    5 9 5
```

2

```
    3 1 8
  + 2 5 6
  ─────────
```

3

$$743 + 138$$

✏️ 그림에 알맞은 덧셈식을 쓰고, 계산하세요.

ㅣ이 ㅣ0개면
십의 자리로 받아올림!

1

 +

$$\boxed{237} + \boxed{148} = \boxed{385}$$

2

 +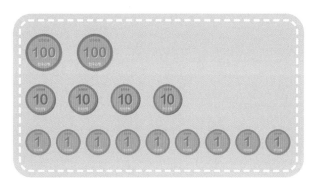

$$\boxed{} + \boxed{} = \boxed{}$$

3

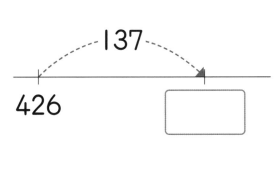

426   137   ☐

$$\boxed{} + \boxed{} = \boxed{}$$

4

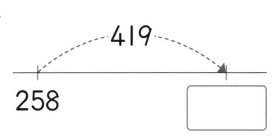

258   419   ☐

$$\boxed{} + \boxed{} = \boxed{}$$

$$654 + 578 = ?$$

받아올림을
여러 번 할 수 있어!

덧셈할 숫자가 없으면
그대로 내려서 쓰기

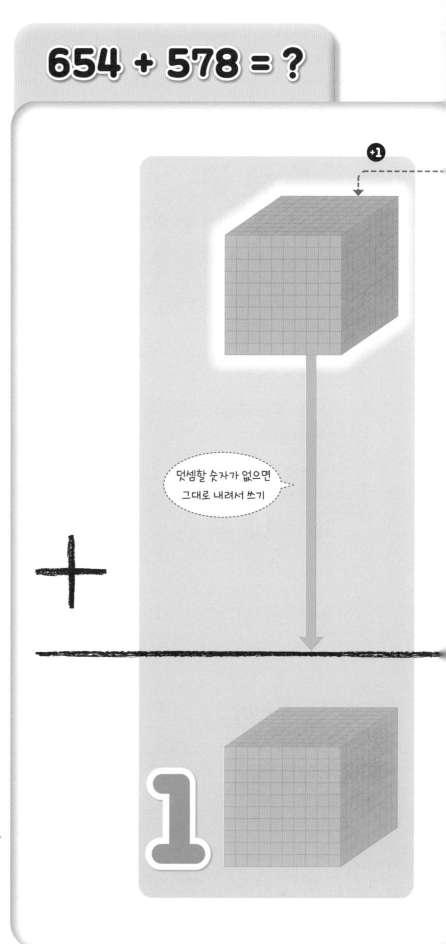

```
    1   1   1
    6   5   4
+   5   7   8
─────────────
1   2   3   2
```

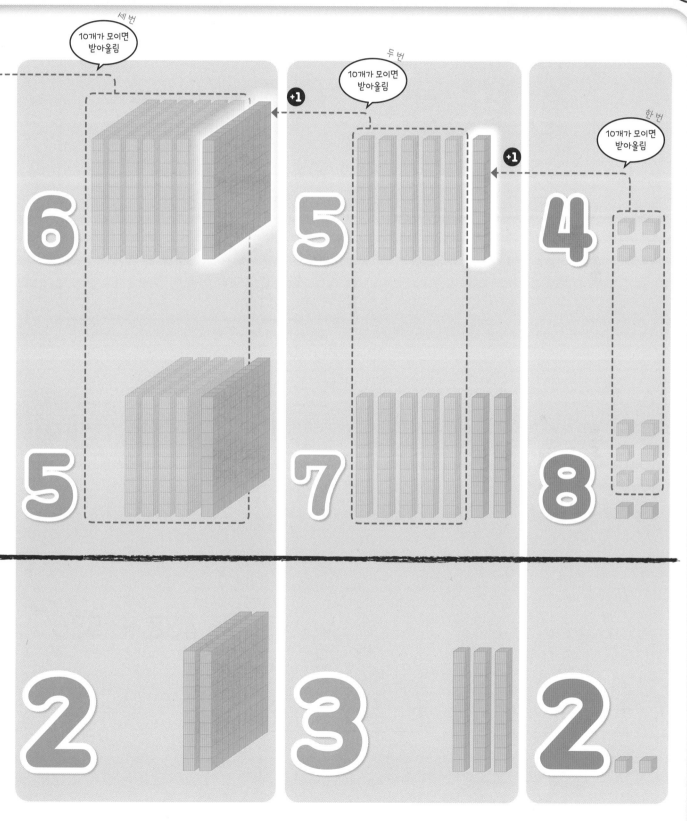

 **천이 넘는 덧셈**

⭐ 엄청 큰 수의 덧셈이라도 계산하는 방법은 똑같습니다.

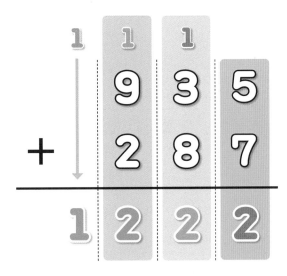

＜덧셈의 방법＞

① 같은 자리끼리 세로로 맞추고
   일의 자리부터 차례로 계산

② 이때, 받아올림이 생기면
   받아올림하여 계산

③ 받아올림했는데 덧셈할 숫자가
   없으면 그대로 내려서 쓰기

1-07

개념 익히기

정답 3쪽

✏️ 계산해 보세요.

1

$$
\begin{array}{r}
  \overset{1}{}\overset{1}{5}\overset{1}{7}4 \\
+\ 638 \\
\hline
1\ 2\ 1\ 2
\end{array}
$$

2

$$
\begin{array}{r}
  736 \\
+\ 598 \\
\hline
\boxed{\ }\ \boxed{\ }\ \boxed{\ }\ \boxed{\ }
\end{array}
$$

3

$$438 + 586$$

개념 다지기

✏️ 관계있는 것끼리 선으로 이으세요.

백의 자리에서 받아올림했는데
덧셈할 숫자가 없으면 그대로 내려 써!

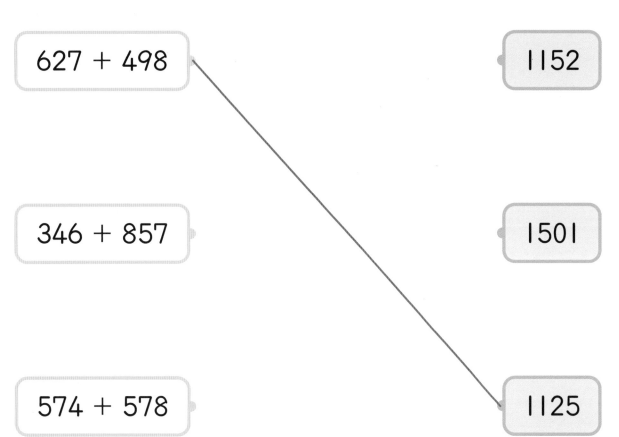

627 + 498   1152

346 + 857   1501

574 + 578   1125

734 + 476   1210

622 + 879   1203

개념 다지기

정답 3쪽

✏️ 빈칸을 알맞게 채우세요.

그림을 잘 봐~
두 수를 더한 수가
☐ 가 되는 거야!

1
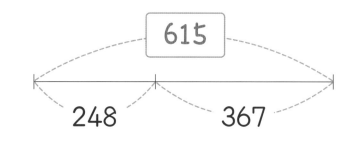

615

248   367

2
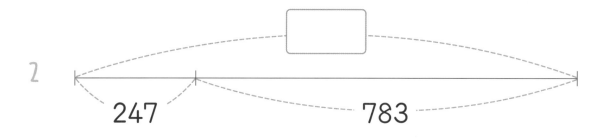

247   783

3
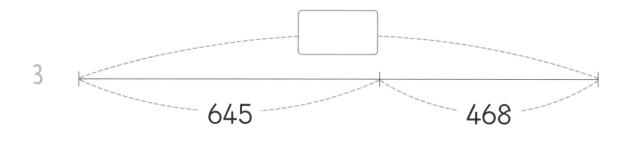

645   468

4
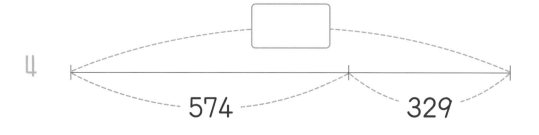

574   329

5
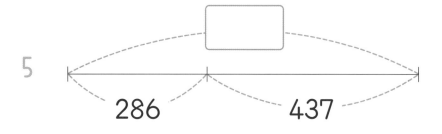

286   437

✏️ 그림을 보고 물음에 답하세요.

○ : 원, △ : 삼각형,
□ : 사각형

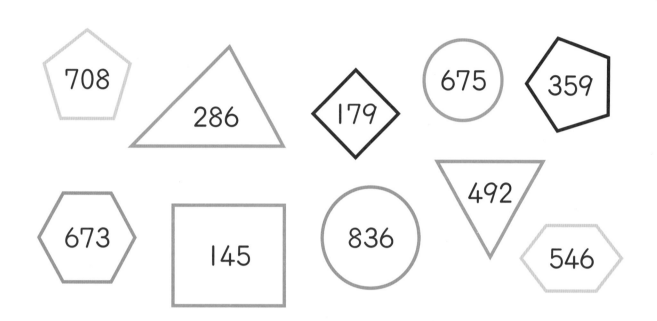

1	파란색 도형 안에 적힌 수의 합을 구하세요.	**637**
2	노란색 도형 안에 적힌 수의 합을 구하세요.	
3	초록색 도형 안에 적힌 수의 합을 구하세요.	
4	삼각형 안에 적힌 수의 합을 구하세요.	
5	사각형 안에 적힌 수의 합을 구하세요.	
6	원 안에 적힌 수의 합을 구하세요.	

같은 자리끼리 빼기

⭐ **348 − 213 = ?** (세로로 써서 계산하면 실수를 줄일 수 있어요.)

$$
\begin{array}{r}
3\;4\;8 \\
-\;2\;1\;3 \\
\hline
\end{array}
\qquad\Rightarrow\qquad
\begin{array}{r}
3\;4\;8 \\
-\;2\;1\;3 \\
\hline
1\;3\;5
\end{array}
$$

① 자리를 맞추어 쓰고

② 같은 자리끼리 뺍니다.

1-11

개념 익히기

정답 4쪽

✏️ 계산해 보세요.

1

$$
\begin{array}{r}
2\;5\;7 \\
-\;1\;2\;6 \\
\hline
1\;3\;1
\end{array}
$$

2

$$
\begin{array}{r}
5\;8\;4 \\
-\;2\;5\;3 \\
\hline
\;\;
\end{array}
$$

3

$$763 - 462$$

개념 다지기

정답 4쪽

✏️ 빈칸을 알맞게 채우세요.

같은 자리, 끼리끼리
빼기를 해 봐~

1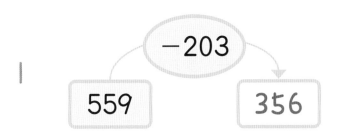

559 → −203 → 356

2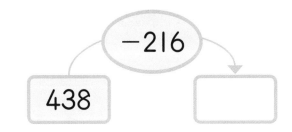

438 → −216 → ☐

3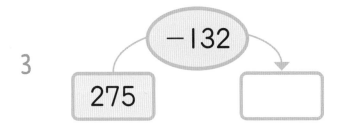

275 → −132 → ☐

4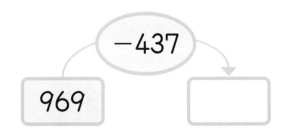

969 → −437 → ☐

5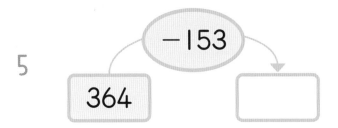

364 → −153 → ☐

6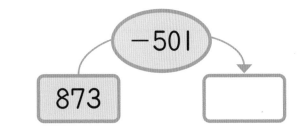

873 → −501 → ☐

같은 자리끼리 뺄 수 없다면?

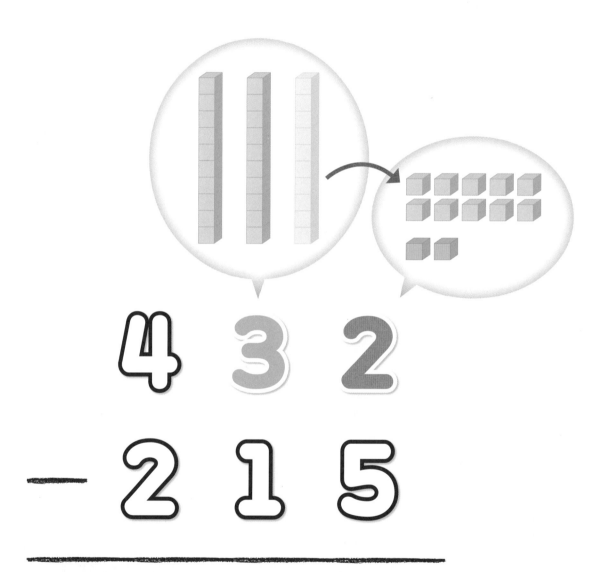

같은 자리끼리
뺄 수 없을 때는
받아내림!

 뺄셈에서 같은 자리의 수끼리 뺄 수 없을 때

바로 위의 자리에서 10을 빌려서 계산하는 방법

··· **뺄 수 없다면 받아내림!**

⭐ **524 − 318 = ?** (같은 자리끼리 뺄 수 없으면 받아내림을 해요.)

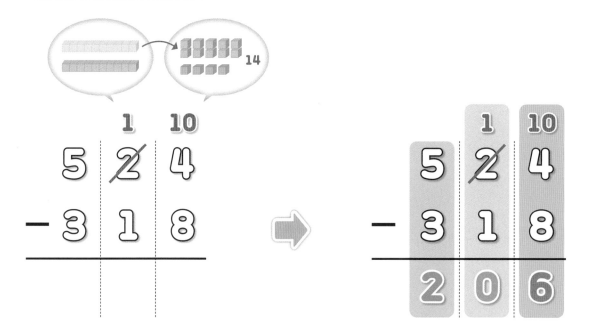

① 뺄 수 없으면 받아내림하고,

② 같은 자리끼리 뺍니다.

1-14

개념 익히기

정답 4쪽

✏️ 계산해 보세요.

1

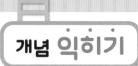
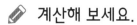

2

```
  7 4 5
− 3 2 8
───────
  □ □ □
```

3

564 − 237

✏️ 수 카드 4장 중 3장을 한 번씩만 사용하여 세 자리 수를 만듭니다. 가장 큰 수와 가장 작은 수를 만들어 차를 구하세요.

가장 큰 세 자리 수를 만드는 방법!
백의 자리에 가장 큰 수 ,
십의 자리에 그 다음 큰 수 ,
일의 자리에 그 다음 큰 수를쓰기!

1

| 2 | 4 | 7 | 9 |

가장 큰 세 자리 수: __974__

가장 작은 세 자리 수: __247__

두 수의 차: __727__

두 수의 차

$$
\begin{array}{r}
\overset{6\ 10}{9\,\not{7}\,4} \\
-\ 2\,4\,7 \\
\hline
7\,2\,7
\end{array}
$$

2

| 3 | 6 | 4 | 9 |

가장 큰 세 자리 수: _____

가장 작은 세 자리 수: _____

두 수의 차: _____

두 수의 차

3

| 1 | 3 | 7 | 2 |

가장 큰 세 자리 수: _____

가장 작은 세 자리 수: _____

두 수의 차: _____

두 수의 차

4

| 7 | 4 | 5 | 8 |

가장 큰 세 자리 수: _____

가장 작은 세 자리 수: _____

두 수의 차: _____

두 수의 차

⭐ **321 − 174 = ?** (십의 자리와 백의 자리에서 받아내림을 두 번 해요.)

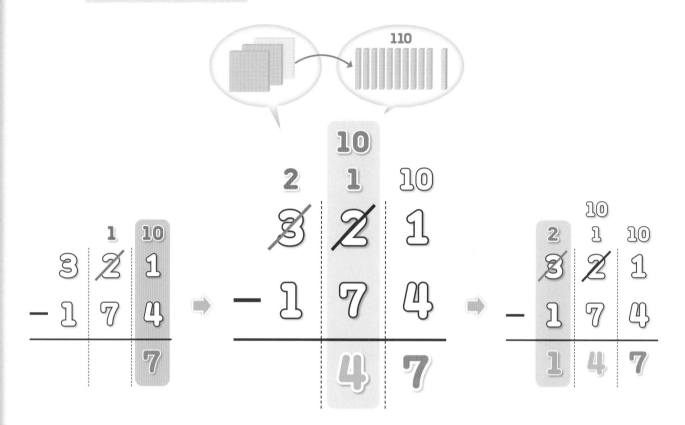

 개념 익히기

정답 5쪽

✏️ 계산해 보세요.

1

$$\begin{array}{ccc} \overset{6}{\cancel{7}} & \overset{11}{\cancel{2}} & \overset{10}{3} \\ - \ 5 & 6 & 8 \\ \hline 1 & 5 & 5 \end{array}$$

2

$$\begin{array}{ccc} 5 & 4 & 7 \\ - \ 3 & 4 & 9 \\ \hline \square & \square & \square \end{array}$$

3

317 − 158

개념 다지기

정답 5쪽

✏️ 식을 세우고 물음에 답하세요.

수나 양이 처음보다 줄었다면
뺄셈식을 쓰는 거야~

1 수영 대회에 참가한 선수 336명 중 149명이 예선에서 탈락했습니다.
   남은 선수는 몇 명일까요?

   → 식: <u>336-149=187</u>   → 답: 187 명

2 별빛 마을에서 축제를 위해 음료수 430병을 준비했습니다.
   그중에서 347병을 마셨다면 남은 음료수는 몇 병일까요?

   → 식: _____   → 답: ☐ 병

3 작년에 진구네 딸기밭에서 딸기 745상자를 수확했습니다.
   올해는 작년보다 486상자 적게 수확했다면 올해 수확한 딸기는 몇 상자일까요?

   → 식: _____   → 답: ☐ 상자

4 훈이는 줄넘기를 752회 했고 진우는 훈이보다 195회 적게 했습니다.
   진우는 줄넘기를 몇 회 했을까요?

   → 식: _____   → 답: ☐ 회

✏️ 빈칸을 알맞게 채우세요.

> 중간에 빈칸이 있어도 뺄셈 문제!
> 일의 자리부터 차근히 계산하면 돼.

1

$$\begin{array}{r} \overset{5}{\cancel{6}}\,\overset{16}{\cancel{7}}\,\overset{10}{3} \\ -\ 4\ 7\ \boxed{6} \\ \hline \boxed{1}\ 9\ 7 \end{array}$$

2

$$\begin{array}{r} \boxed{\ }\ 2\ 3 \\ -\ 1\ 5\ 4 \\ \hline 2\ \boxed{\ }\ 9 \end{array}$$

3

$$\begin{array}{r} 5\ 3\ 0 \\ -\ \boxed{\ }\ 4\ 7 \\ \hline 2\ \boxed{\ }\ 3 \end{array}$$

4

$$\begin{array}{r} \boxed{\ }\ 0\ 8 \\ -\ 1\ 6\ \boxed{\ } \\ \hline 5\ 3\ 9 \end{array}$$

5

$$\begin{array}{r} \boxed{\ }\ 4\ 6 \\ -\ 3\ 6\ 8 \\ \hline 1\ \boxed{\ }\ 8 \end{array}$$

6

$$\begin{array}{r} 6\ 4\ \boxed{\ } \\ -\ 4\ \boxed{\ }\ 9 \\ \hline 1\ 8\ 2 \end{array}$$

개념 펼치기

✏️ 문장을 세로셈으로 나타내고 어떤 수를 구하세요.

덧셈식은 뺄셈식으로,
뺄셈식은 덧셈식으로
바꿔 쓸 수 있어!

1 어떤 수에 **147**을 <u>더했더니</u>
488이 되었습니다.

→ 어떤 수: 341

$$\begin{array}{r} \boxed{} \\ +\ 147 \\ \hline 488 \end{array} \rightarrow \begin{array}{r} 488 \\ -\ 147 \\ \hline \boxed{341} \end{array}$$

2 어떤 수에 **329**를 <u>더했더니</u>
537이 되었습니다.

→ 어떤 수: ☐

→

3 어떤 수에 **518**을 <u>더했더니</u>
746이 되었습니다.

→ 어떤 수: ☐

→

4 어떤 수에서 **153**을 <u>뺐더니</u>
248이 되었습니다.

→ 어떤 수: ☐

→

5 어떤 수에서 **367**을 <u>뺐더니</u>
103이 되었습니다.

→ 어떤 수: ☐

→

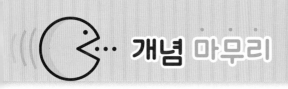
1 수 모형을 보고 계산하세요.

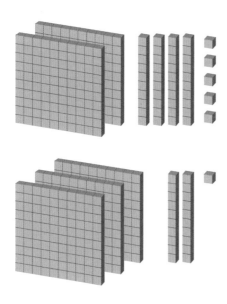

$245 + 321 =$ ▢

2 빈칸을 알맞게 채우세요.

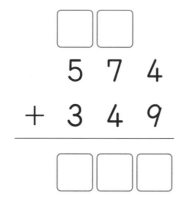

3 두 수의 차를 빈칸에 쓰세요.

| 673 | 198 |

4 빈칸을 알맞게 채우세요.

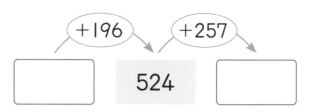

524

5 계산 결과를 비교하여 ○ 안에 >, =, <를 알맞게 쓰세요.

$915 - 326$ ◯ $486 + 135$

6 아래의 덧셈식에서 ☐ 이 실제로 나타
내는 수는 얼마일까요?

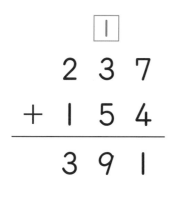

```
        I
    2  3  7
 +  I  5  4
 ─────────
    3  9  I
```

▶ _____

7 좌석이 625개인 영화관에 관객 483명
이 앉아 있습니다. 빈 좌석은 몇 개일까
요?

☐ 개

8 빈칸을 알맞게 채우세요.

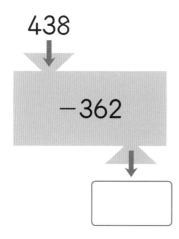

438

−362

(9~10)
어느 공원의 약도입니다. 물음에 답하세요.

숲속 무대
342 m ㉠
      ㉡
      224 m ㉢
147 m
어린이
광장
254 m
나눔 분수
126 m
팔각정

9 나눔 분수에서 숲속 무대까지 가는 가장
짧은 길의 기호를 쓰세요.

▶ _____

10 나눔 분수에서 숲속 무대까지 가장 가까
운 길로 갈 때의 거리와 가장 먼 길로 갈
때의 거리의 차는 얼마일까요?

☐ m

11 빈칸을 알맞게 채우세요.

+ →		
684	598	
186	329	

(− ↓)

(12~13)

지난 주말 동안 신지네 동네에 있는 박물관과 음악회 입장객 수를 조사하여 표로 나타냈습니다. 물음에 답하세요.

	토요일	일요일
박물관	452명	478명
음악회	497명	485명

12 주말 동안 박물관과 음악회 입장객 수는 각각 몇 명일까요?

➤ 박물관 입장객 수: [   ]명

➤ 음악회 입장객 수: [   ]명

13 박물관과 음악회 입장객 수의 합은 토요일과 일요일 중 어느 요일에 몇 명 더 많았을까요?

 [   ]요일에 [   ]명 더 많았습니다.

14 수 카드 4장 중 2장을 골라 계산 결과가 가장 큰 뺄셈식을 만들려고 합니다. 빈칸을 알맞게 채우세요.

 852 232 539 796

[   ] — [   ] = [   ]

15 관계있는 것끼리 선으로 이으세요.

642 − 137 ·   · 515

352 + 163 ·   · 495

921 − 426 ·   · 505

16 빈칸을 알맞게 채우세요.

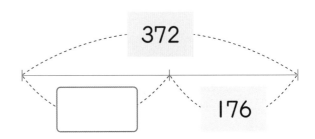

372

[   ]   176

정답 6쪽

17 빈칸에 들어갈 수 있는 수 중에서 가장 작은 세 자리 수를 구하세요.

$$\boxed{} + 529 > 875$$

> _____

18 계산 결과가 작은 것부터 차례대로 기호를 쓰세요.

┌─────────────────────┐
│ ㉠ 759 − 346   │
│ ㉡ 156 + 269   │
│ ㉢ 620 − 189   │
└─────────────────────┘

> _____

서술형

19 뺄셈에서 잘못된 부분을 찾아 바르게 고치고, 잘못된 이유를 쓰세요.

$$\begin{array}{r} 9\ 3\ 6 \\ -\ 2\ 3\ 7 \\ \hline 7\ 9\ 9 \end{array} \quad \Rightarrow \quad \begin{array}{r} 9\ 3\ 6 \\ -\ 2\ 3\ 7 \\ \hline \end{array}$$

이유 ⊙ _____

_____

_____

서술형

20 수 카드 4장 중 3장을 한 번씩만 사용하여 만들 수 있는 가장 큰 세 자리 수와 가장 작은 세 자리 수의 차를 구하세요.

1	8	6	5

풀이 ⊙ _____

_____

_____

답: $\boxed{}$

상상력 키우기

1 생활 속에서 가장 최근에 세 자리 수의 덧셈이나 뺄셈을 사용했던 때는 언제인가요?

2 여러분이 받아올림, 받아내림 대신 새로운 이름을 붙인다면, 어떤 이름을 붙일 건가요?

2. 평면도형

이 단원에서 배울 내용

평면도형의 기초

① 선의 종류   ④ 직각삼각형
② 각   ⑤ 직사각형
③ 직각   ⑥ 정사각형

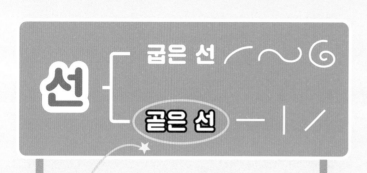

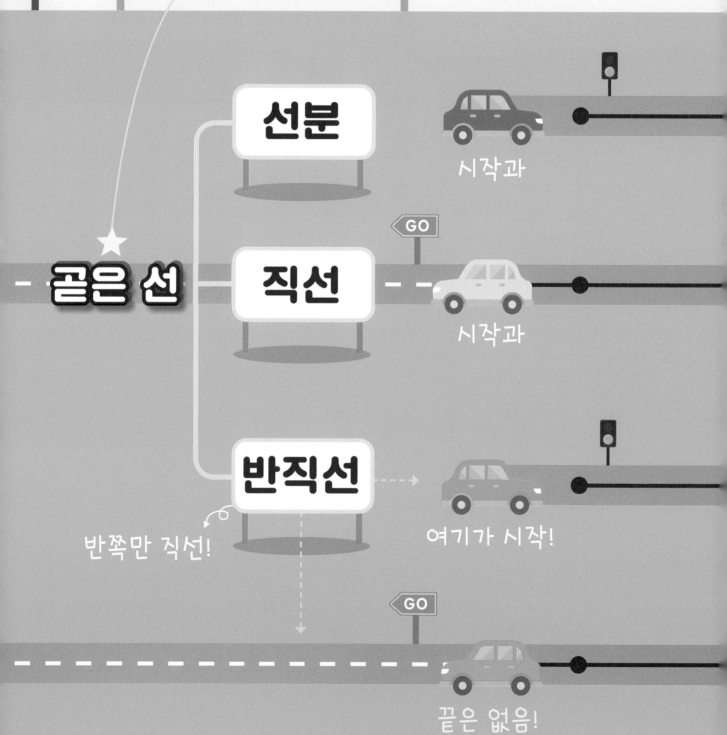

선분

시작과

직선

GO

시작과

반직선

반쪽만 직선!

여기가 시작!

GO

끝은 없음!

끼익!

정지 STOP

끝이 정해져 있어요!

GO

끝이 없이 양쪽으로 계속~

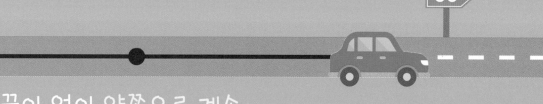

GO

끝은 없음!

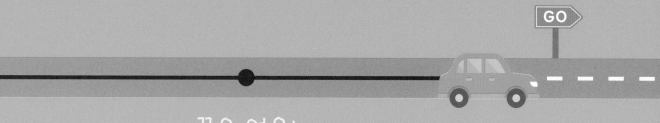

여기가 시작!

개념쏙쏙 ··· 선분, 직선, 반직선

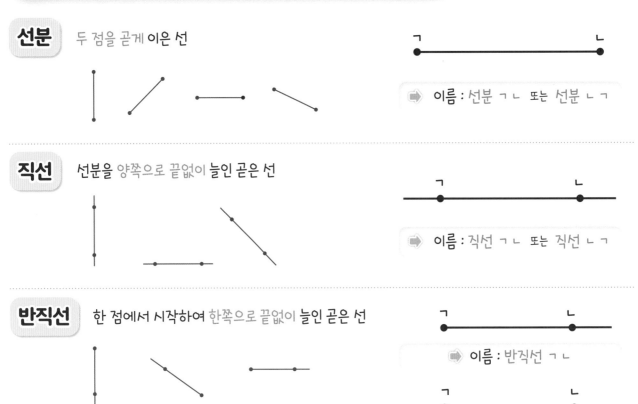

선분 두 점을 곧게 이은 선

➡ 이름 : 선분 ㄱㄴ 또는 선분 ㄴㄱ

직선 선분을 양쪽으로 끝없이 늘인 곧은 선

➡ 이름 : 직선 ㄱㄴ 또는 직선 ㄴㄱ

반직선 한 점에서 시작하여 한쪽으로 끝없이 늘인 곧은 선

➡ 이름 : 반직선 ㄱㄴ

➡ 이름 : 반직선 ㄴㄱ

☆ 선분과 직선은 어느 점을 먼저 쓰든 상관없지만
반직선은 반드시 시작하는 점을 먼저 써야 합니다.

2-02

개념 익히기

정답 7쪽

✏ 선분, 반직선, 직선 중에 알맞은 이름을 쓰세요.

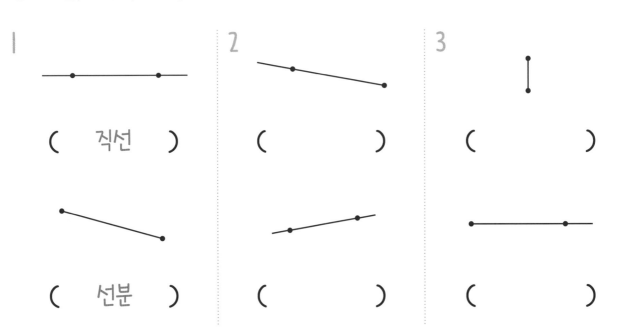

1	2	3
(직선)	( )	( )
(선분)	( )	( )

✏️ 선분, 반직선, 직선 중에 알맞은 이름을 쓰세요.

양쪽 다 안 늘어나면 선분,
양쪽 다 늘어나면 직선,
한쪽만 늘어나면 반직선!

1  → <u>　　　선분　　　</u>

2  → _____

3  → _____

4 한 점에서 시작하여
한쪽으로 끝없이 늘인 곧은 선 → _____

5 양쪽으로 끝없이 늘인 곧은 선 → _____

6 두 점을 곧게 이은 선 → _____

개념 다지기

✏️ 알맞은 도형을 그리세요.

> 직선은 점을 지나도록,
> 선분은 점에서 점까지!

1 반직선 ㄱㄴ →

2 선분 ㄴㄹ →

3 직선 ㄷㄹ →

4 반직선 ㄷㄹ →

5 직선 ㄱㄴ →

개념 펼치기

✏️ 도형을 보고 알맞은 이름을 쓰세요.

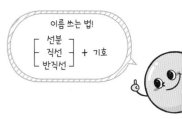

1    →   직선 ㄱㄴ
(또는 직선 ㄴㄱ)
_____

2    →   
_____

3    →   
_____

4    →   
_____

5    →   
_____

6   →
_____

수학에서 말하는

점이 하나 있는데,　　　　그 점에서 반직선을 하나 그리고

각(角)은 한자로 뿔이라는 뜻으로
한 점에서 그은 두 반직선으로
이루어진 도형입니다.

각 이란?

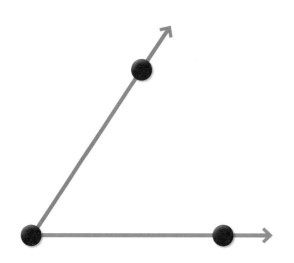

반직선을 하나 더 그리면

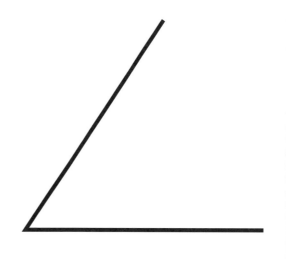

각 이 됩니다.

개념 쏙쏙 ··· 각 ㄴㄱㄷ 또는 각 ㄷㄱㄴ

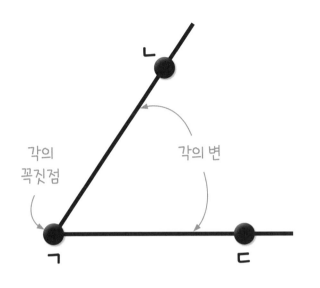

> 각: 한 점에서 그은 두 반직선으로 이루어진 도형

> 각의 꼭짓점: 점 ㄱ

> 각의 변: 변 ㄱㄴ, 변 ㄱㄷ

➡ 각 ㄴㄱㄷ 또는 각 ㄷㄱㄴ 이라고 합니다.

2-07

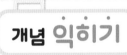 개념 익히기

정답 8쪽

✏️ 각에 ○표 하세요.

1

2

3

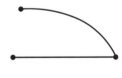

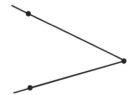

개념 다지기

✏️ 도형을 보고 <u>두 가지 방법으로</u> 각을 쓰세요.

각을 쓸 때는 반드시
'**각**'이라는 글자를 쓴 다음
기호를 쓰기!

1

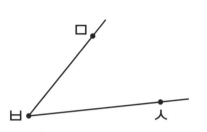

각 ㅁㅂㅅ , 각 ㅅㅂㅁ
_____

2

,
_____

3

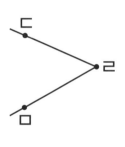

,
_____

4

,
_____

5

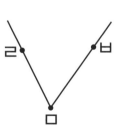

,
_____

6

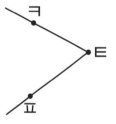

,
_____

개념 다지기

정답 9쪽

✏️ 점을 연결하여 알맞은 각을 그리세요.

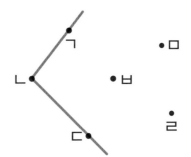

각의 이름에서
각의 꼭짓점이 가운데
있다는 거 알고 있지?

1   각 ㄱㄴㄷ   →

2   각 ㄱㄴㄹ   →

3   각 ㄱㅁㅂ   →

4   각 ㄱㅂㄷ   →

5   각 ㅂㄷㄹ   →

개념 펼치기

✏️ 도형 을 보고 보기 에서 알맞은 말을 골라 빈칸에 쓰세요.

각의 부분들을
뭐라고 불렀더라?

도형

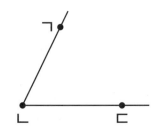

보기

각, 변, 꼭짓점

1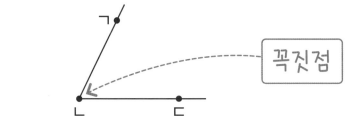
꼭짓점

2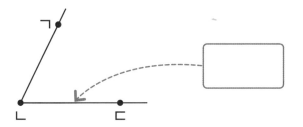

3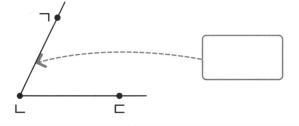

4 한 점에서 그은 두 반직선으로 이루어진 도형을 [   ]이라고 합니다.

5 점 ㄴ을 각의 [   ]이라고 합니다.

6 반직선 ㄴㄱ과 반직선 ㄴㄷ을 각의 [   ]이라고 합니다.

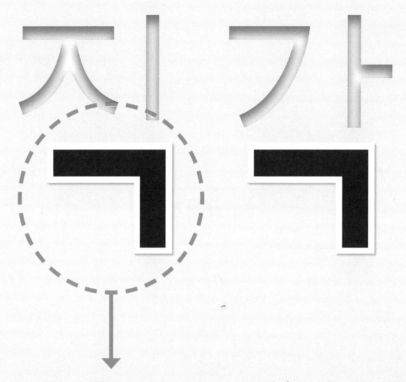

이렇게 똑바르고 아주 반듯한 각이 직각

각을 그림에 표시할 때

| 직각이 아닌 각 | 직각 |

직각(直角)

직각은 우리 주변에서 많이 보이는 각이야. 어떻게 생긴 각인지 눈으로 기억해 두기!

색종이

책

액자

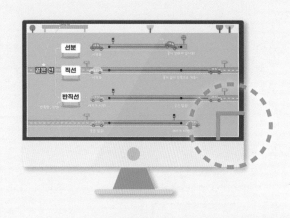

모니터

개념 쏙쏙 · · · 직각

▶ 그림과 같이 종이를 반듯하게 두 번 접었을 때 생기는 각이 직각입니다.

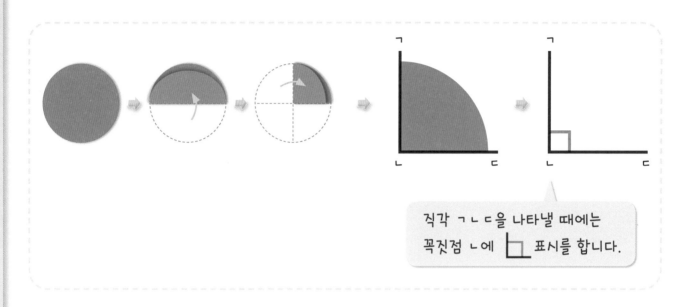

직각 ㄱㄴㄷ을 나타낼 때에는 꼭짓점 ㄴ에 ┗ 표시를 합니다.

* 삼각자에는 직각이 있으니까, 삼각자를 이용해서 직각을 찾을 수 있어요.

2-12

개념 익히기

정답 9쪽

✏ 직각에 ○표 하세요.

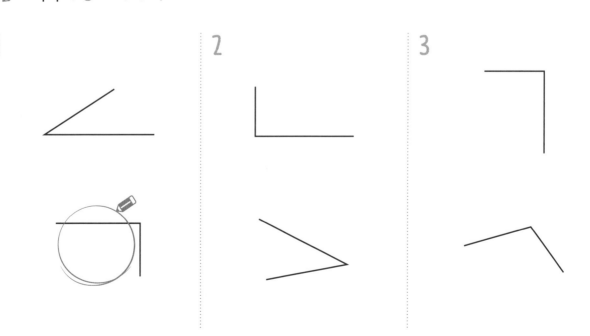

1

2

3

개념 다지기

정답 9쪽

✏️ 직각을 찾아 쓰세요.

반듯하게 두 번 접은 종이나
삼각자를 이용해서
직각을 찾아봐~

1

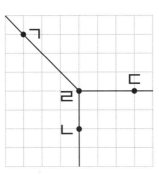

각 ㄴㄹㄷ (또는 각 ㄷㄹㄴ)
_____

2

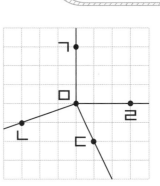

_____

3

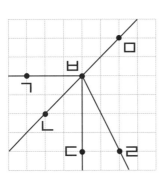

_____

4

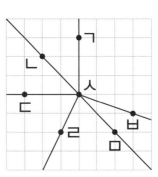

_____

5

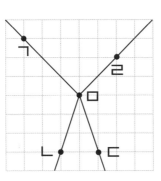

_____

6

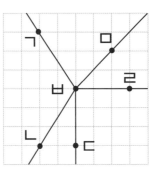

_____

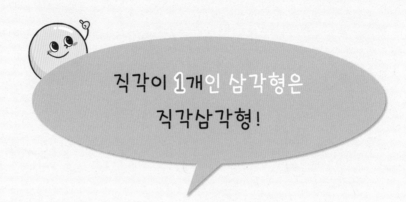

직각이 1개인 삼각형은
직각삼각형!

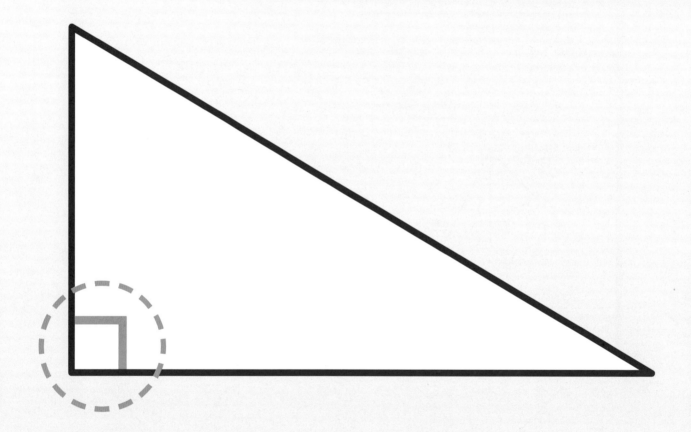

직각이 1개 ➡ 직각삼각형

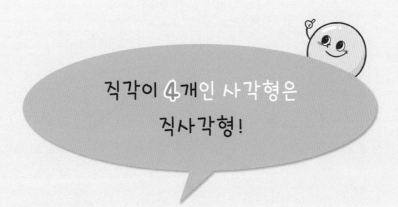

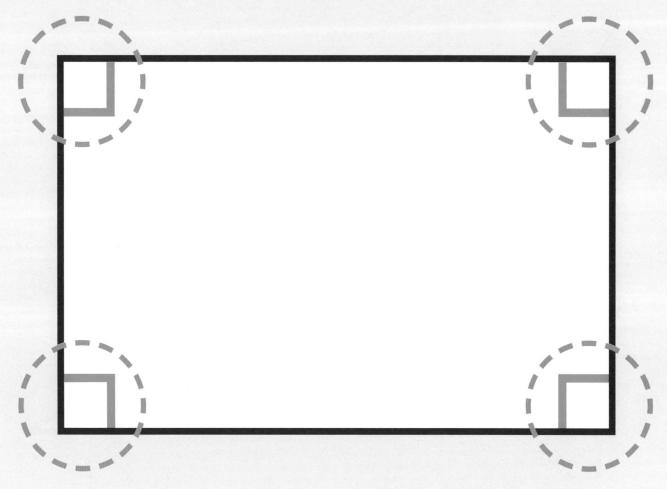

직각이 4개 ⇨ 직사각형

직각삼각형

➡ 한 각이 직각인 삼각형을 **직각삼각형**이라고 합니다.

개념 익히기

정답 10쪽

2-15

 직각삼각형에 ○표 하세요.

1

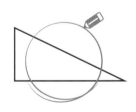

2

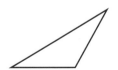

3

개념 다지기

정답 10쪽

✏️ 알맞은 삼각형을 그리세요.

직각삼각형은
직각이 하나인 삼각형!

1 왼쪽과 같은 직각삼각형을 그리세요.

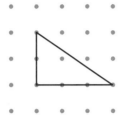 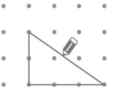

2 왼쪽과 같은 직각삼각형을 그리세요.

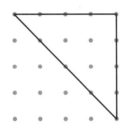 

3 선분 2개를 더 그어 직각삼각형을 완성하세요.

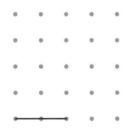

4 왼쪽보다 큰 직각삼각형을 그리세요.

5 직각삼각형이 아닌 삼각형과 직각삼각형을 각각 하나씩 그리세요.

➡ 네 각이 모두 직각인 사각형을 │직사각형│이라고 합니다.

개념 익히기

2-17

정답 10쪽

✏ 직사각형에 ◯표 하세요.

1 	2 	3 
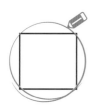		

✏️ 도형을 보고 부를 수 있는 이름을 모두 쓰세요.

도형 하나에
이름이 여러 개일 수 있는 거야~

1

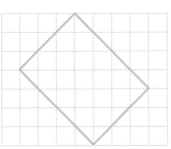

직사각형, 사각형

2

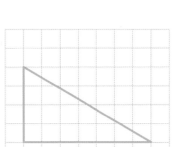

_____

3

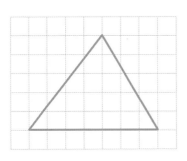

_____

4

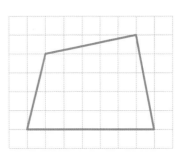

_____

5

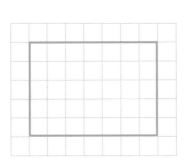

_____

6

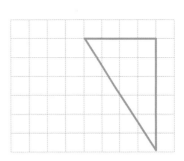

_____

✏️ 물음에 답하세요.

1 네 각이 직각인 사각형의 이름은 무엇일까요?

(직사각형)

2 한 각이 직각인 삼각형의 이름은 무엇일까요?

(   )

3 칠교판 조각 중 직사각형은 모두 몇 개일까요?

(   )

4 직각삼각형 모양의 물건을 찾아 ◯표 하세요.

 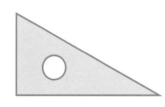 

5 직사각형을 찾을 수 있는 놀이 기구에 ◯표 하세요.

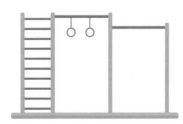  

직각! 직각삼각형!
직, 직, 직, 직사각형!

6 직각삼각형과 직사각형에서 공통으로 찾을 수 있는 각은 어떤 각일까요?

(   )

7 직각삼각형에는 직각이 몇 개일까요?

(   )

8 색종이를 그림처럼 자르면, 어떤 삼각형이 만들어질까요?

(   )

9 두 삼각형의 공통점을 바르게 설명한 것에 모두 ○표 하세요.

- 변의 길이가 같습니다.   (   )
- 한 각이 직각입니다.   (   )
- 꼭짓점이 3개입니다.   (   )

10 다음 그림에서 직각삼각형은 모두 몇 개일까요?

(   )

모든 정사각형은 직사각형입니다.

그러나, 모든 직사각형이 정사각형인 것은 아닙니다.

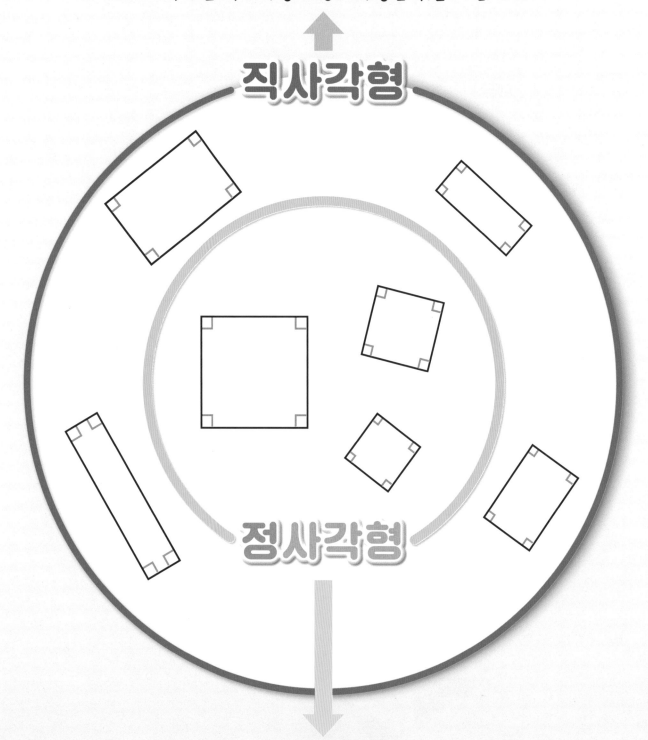

직사각형 중에서

네 변의 길이가 같은 직사각형이 정사각형입니다.

도형의 이름 앞에
'정(正)'이라는 글자가 붙으면
각의 크기가 같고, 변의 길이가 같은
도형을 의미합니다.

정사각형의 조건

① 네 각이 모두 직각

② 네 변의 길이가 모두 같음

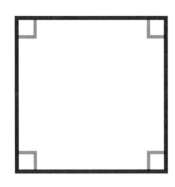

▶ 네 각이 모두 직각이고, 네 변의 길이가 모두 같은 사각형을

정사각형이라고 합니다.

▶ 직사각형 모양의 종이로 정사각형 모양을 만드는 방법

 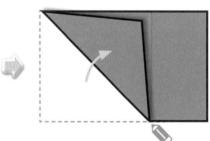 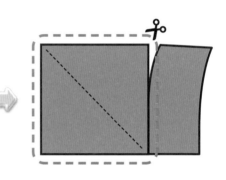

2-21

개념 익히기

정답 11쪽

✎ 정사각형에 ○표 하세요.

1

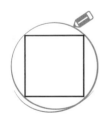

2

3

개념 다지기

✎ 물음에 답하세요.

> 정사각형이 되려면 우선 직사각형의 조건을 만족해야 해~

1 정사각형은 직각이 몇 개일까요?

[**4**] 개

2 정사각형이 되기 위한 조건 두 가지에 ○표 하세요.

- 네 각이 모두 직각입니다.　　　(　　)

- 직각이 한 개뿐입니다.　　　　　(　　)

- 네 변의 길이가 모두 같습니다.　(　　)

3 세 사각형의 공통점에 모두 ○표 하세요.

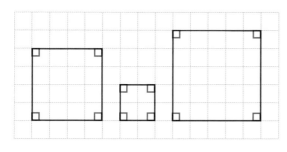

- 모두 직각이 l개만 있습니다.　(　　)

- 모두 직사각형입니다.　　　　（　　）

- 네 변의 길이가 같습니다.　　（　　）

- 모두 정사각형입니다.　　　　（　　）

4 그림에서 직사각형 조각과 정사각형 조각은 각각 몇 개일까요?

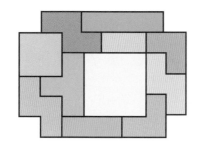

→ 직사각형 조각: [　] 개

→ 정사각형 조각: [　] 개

5 정사각형을 보고 빈칸에 알맞은 수를 쓰세요.

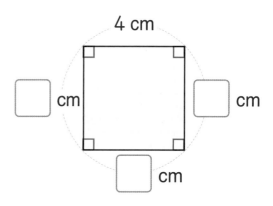

4 cm

[　] cm

[　] cm

[　] cm

1 도형을 보고 알맞은 이름을 쓰세요.

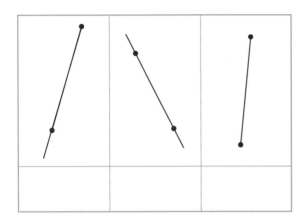

2 각에 모두 ○표 하세요.

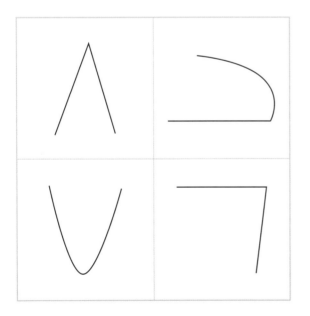

3 어떤 도형에 대한 설명인지 쓰세요.

> 두 점을 곧게 이은 선

❯ _____

(4~5)
각을 보고 물음에 답하세요.

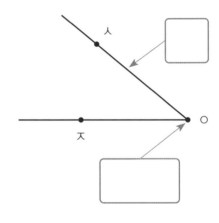

4 도형을 보고 빈칸을 알맞게 채우세요.

5 각을 읽어 보세요.

❯

정답 12쪽

6 직각을 모두 찾아 보기 와 같이 표시하세요.

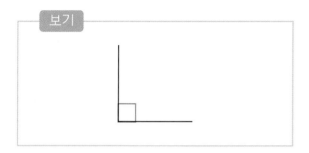

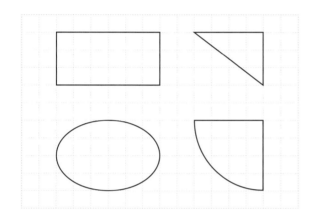

(8~9)

도형을 보고 물음에 답하세요.

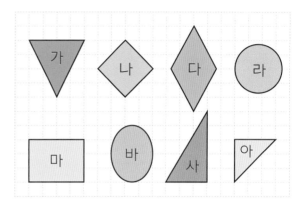

8 직각삼각형을 모두 찾아 기호를 쓰세요.

❯ _____

9 직사각형을 모두 찾아 기호를 쓰세요.

❯ _____

7 각이 몇 개인지 쓰세요.

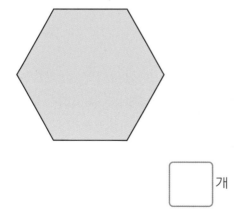

☐ 개

10 옳은 것에 ○표, 틀린 것에 ✕표 하세요.

- 두 점을 이은 굽은 선을 선분이라고 합니다.

( )

- 선분을 양쪽으로 끝없이 늘인 곧은 선을 직선이라고 합니다.

( )

- 반직선은 각을 만드는 데 사용합니다.

( )

11 직각을 찾아 각을 읽어 보세요.

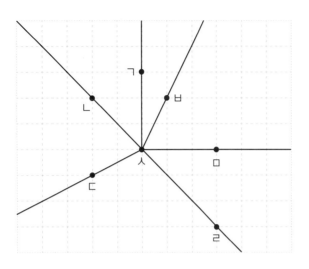

12 도형을 보고 빈칸에 알맞은 말을 쓰세요.

네 각이 모두 [ ]인 사각형을

[ ]이라고 합니다.

13 정사각형에 대한 설명 중 틀린 것을 찾아 기호를 쓰세요.

> ㉠ 네 각이 모두 직각입니다.
> ㉡ 변의 길이가 모두 다릅니다.
> ㉢ 직사각형이라고 할 수 있습니다.

14 크고 작은 직사각형은 모두 몇 개일까요?

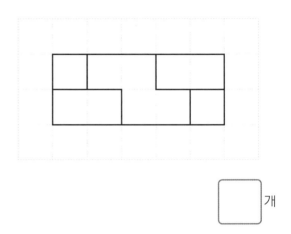

[ ]개

15 주어진 선분을 한 변으로 하는 직각삼각형을 그리세요.

16 한 변의 길이가 6 cm인 정사각형 모양의 종이가 있습니다. 네 변의 길이의 합은 얼마일까요?

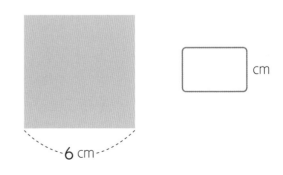

[ ] cm

6 cm

17 직각삼각형을 바르게 설명한 사람은 누구일까요?

직각삼각형에는 직각이 한 개 있어.

세 각이 모두 직각인 삼각형을 직각삼각형이라고 해.

다현   주영

▸
_____

18 직사각형 모양의 종이를 그림과 같이 점선을 따라 자르면 생기는 도형은 무엇일까요?

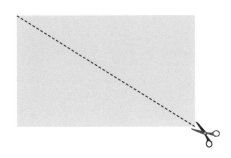

▸
_____

정답 12쪽

서술형

19 아래의 사각형이 직사각형이 아닌 이유를 쓰세요.

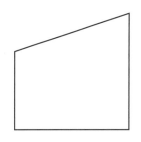

이유 ▸ _____

_____

_____

서술형

20 직각이 가장 많은 도형과 가장 적은 도형에 있는 직각의 개수의 합을 구하려고 합니다. 풀이 과정과 답을 쓰세요.

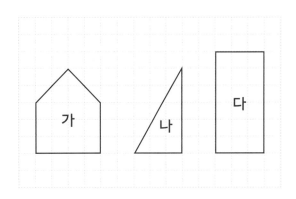

가   나   다

풀이 ▸ _____

_____

_____

_____

_____

답: ☐ 개

상상력 키우기

1 '반직선'으로 삼행시를 지어 볼까요?

반

직

선

2 내 방에 있는 물건 중에서 직사각형 모양인 것을 찾아 보세요.

3. 나눗셈

이 단원에서 배울 내용

나눗셈의 의미, 곱셈과 나눗셈의 관계

① 똑같이 나누기 (1)
② 똑같이 나누기 (2)
③ 곱셈과 나눗셈의 관계
④ 나눗셈의 몫과 곱셈식
⑤ 곱셈구구로 몫 구하기

똑같이 나누기 ⑴

[모든 식에는 어울리는 그림이 있다.]

➕ 6+3=9
6과 3을 합하면 9

➖ 6-3=3
6에서 3을 지우면 3

✖ 6×3=18
6이 3번 있으면 18

6개를 3군데로 똑같이 나누면
2개씩 놓이지!

6 ÷ 3 = 2

언제 ÷로 나타내는지 머릿속으로
이미지를 떠올리는 연습을 하세요.

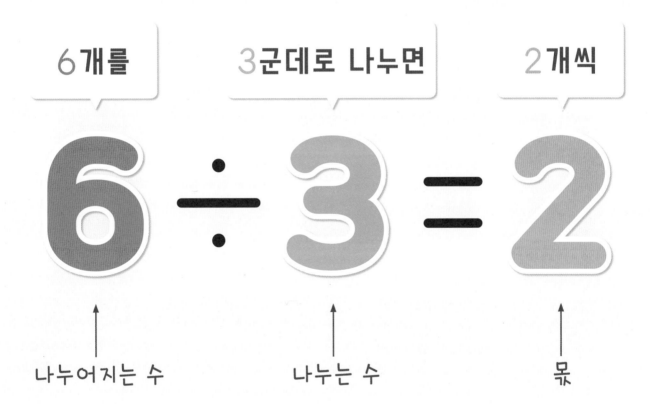

6개를   3군데로 나누면   2개씩

$$6 \div 3 = 2$$

나누어지는 수   나누는 수   몫

 **똑같이 나누는 나눗셈**

☆ 사과 8개를 4군데로 똑같이 나누면 2개씩 놓입니다.

↳ ÷4

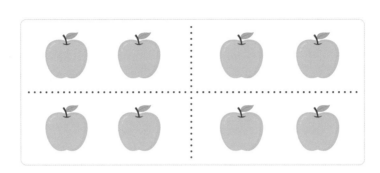

나누었을 때 한 군데에 놓이는 개수

$$8 \div 4 = 2$$

[나누어지는 수]　　　[나누는 수]　　　[몫]

➡ 읽기: 8 나누기 4는 2와 같습니다.

3-02

개념 익히기

정답 13쪽

✏ 야구공 6개를 상자 2개에 똑같이 나누어 담으려고 합니다. 물음에 답하세요.

1 그림에 알맞은 나눗셈식을 구하고, 나눗셈식에서 각각의 수를 부르는 이름을 쓰세요.

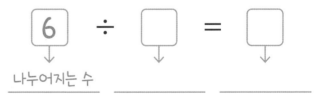

나누어지는 수

2 빈칸을 알맞게 채우세요.

→ 야구공 6개를 상자 2개에 똑같이 나누면 상자 한 개에 ⬚개씩 담을 수 있습니다.

개념 다지기

정답 13쪽

✏️ 빈칸을 알맞게 채우고 그림에 어울리는 나눗셈식을 쓰세요.

> 몇 군데로 나누는지,
> 한 군데에 몇 개씩 놓이는지
> 생각해 보면 되겠지~

1

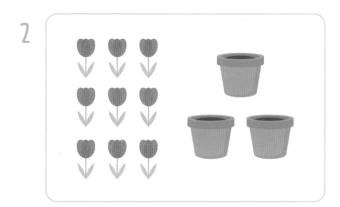

쿠키 **8**개를 접시 **2**개에 똑같이 나누어 담으면, 접시 한 개에 **4** 개씩 담을 수 있습니다.

→ 나눗셈식: 8÷2=4

2

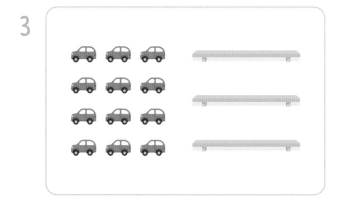

꽃 **9**송이를 화분 **3**개에 똑같이 나누어 심으면, 화분 한 개에 ☐ 송이씩 심을 수 있습니다.

→ 나눗셈식: _____

3

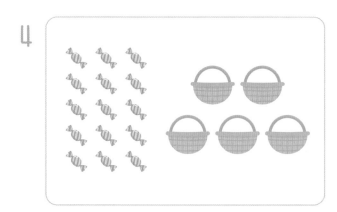

장난감 차 **12**대를 선반 **3**개에 똑같이 나누어 놓으면, 선반 한 개에 ☐ 대씩 놓을 수 있습니다.

→ 나눗셈식: _____

4

사탕 **15**개를 바구니 **5**개에 똑같이 나누어 담으면, 바구니 한 개에 ☐ 개씩 담을 수 있습니다.

→ 나눗셈식: _____

개념 펼치기

✏️ 빈칸을 알맞게 채우세요.

> 몇 군데로 나누어지는지
> 그림을 잘 봐~!

1

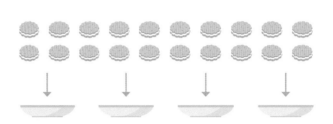

$20 \div \boxed{4} = \boxed{5}$

20개를 $\boxed{4}$ 곳으로 똑같이 나누면, 한 곳에 $\boxed{5}$ 개씩 놓입니다.

2

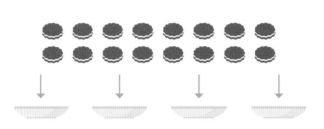

$16 \div \boxed{} = \boxed{}$

16개를 $\boxed{}$ 곳으로 똑같이 나누면, 한 곳에 $\boxed{}$ 개씩 놓입니다.

3

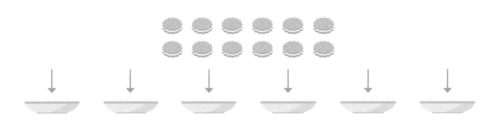

$12 \div \boxed{} = \boxed{}$

12개를 $\boxed{}$ 곳으로 똑같이 나누면, 한 곳에 $\boxed{}$ 개씩 놓입니다.

개념 펼치기

✏️ 식을 쓰고 빈칸을 알맞게 채우세요.

어떤 상황인지,
머릿속으로 이미지를 떠올려 봐~

1

나무 **6**그루를 **3**일간 똑같이 나누어 심으려고 합니다.
하루에 몇 그루씩 심으면 될까요?

나눗셈식: **6÷3=2**

하루에 나무를 __2__ 그루씩
심으면 됩니다.

2

화분 **9**개를 **3**학급이 똑같이 나누어 가지려고 합니다.
한 학급이 몇 개씩 가지면 될까요?

나눗셈식: _____

한 학급이 화분을 _____ 개씩
가지면 됩니다.

3

꽃 **8**송이를 **4**명에게 똑같이 나누어 주려고 합니다.
한 명에게 몇 송이씩 주면 될까요?

나눗셈식: _____

한 명에게 꽃을 _____ 송이씩
주면 됩니다.

4

구슬 **20**개를 **5**명이 똑같이 나누어 가지려고 합니다.
한 명이 몇 개씩 가지면 될까요?

나눗셈식: _____

한 명이 구슬을 _____ 개씩
가지면 됩니다.

나누기의 **2**가지 의미를
각각의 이미지로 기억해~

$$6 \div 3 = 2$$

의미2 나누기에 또 다른 의미가 있다!

6개를 3개씩 묶으면
2묶음입니다.

의미1

6개를 3군데로 똑같이 나누면 2개씩 놓입니다.

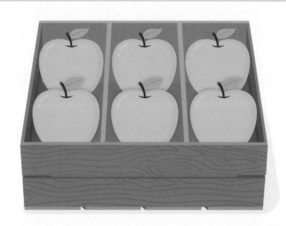

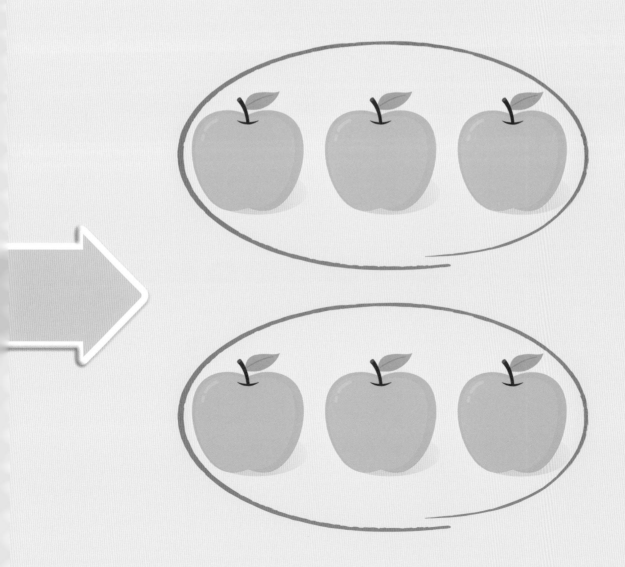

⭐ 12개를 4개씩 묶으면 3묶음입니다.

$$12 \div 4 = 3$$

[나누어지는 수]　　　[나누는 수]　　　[몫]

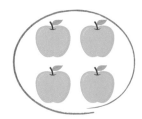 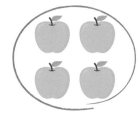 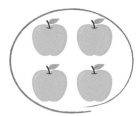

⭐ 그래서 12에서 4씩 3번 빼면 0이 됩니다.

$$12-4-4-4=0$$

3번

> 몫은 묶음의 개수나
> 0이 될 때까지 같은 수를 뺄 때
> 뺄 수 있는 횟수를 의미합니다.

➡ $12 \div 4 = 3$

3-07

개념 익히기

정답 14쪽

✏️ 꿀떡 12개가 있습니다. 꿀떡을 3개씩 묶고 물음에 답하세요.

1　빈칸을 알맞게 채우세요.　→　$12-3-3-\boxed{3}-\boxed{}=0$

2　나눗셈식으로 쓰세요.　→　$12 \div \boxed{} = \boxed{}$

3　꿀떡 12개를 3개씩 접시에 담는다면 필요한 접시는 몇 개일까요?　$\boxed{}$개

개념 **다지기**

정답 14쪽

✏️ 그림을 알맞게 묶고 뺄셈식과 나눗셈식으로 쓰세요.

> 뺄셈식에서 0이 될 때까지
> 같은 수를 빼는 횟수가
> 나눗셈에서 몫이야~

1 4개씩 묶음을 만드세요.

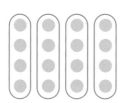

뺄셈식 $16-4-4-4-4=0$

나눗셈식 $16÷4=4$

2 6개씩 묶음을 만드세요.

뺄셈식

나눗셈식

3 4개씩 묶음을 만드세요.

뺄셈식

나눗셈식

4 7개씩 묶음을 만드세요.

뺄셈식

나눗셈식

5 3개씩 묶음을 만드세요.

뺄셈식

나눗셈식

개념 다지기

정답 15쪽

빽셈식은 나눗셈식으로, 나눗셈식은 빽셈식으로 바꿔 쓰세요.

> 0이 될 때까지 같은 수를
> 뺀 횟수가 나눗셈에서의
> 몫이 되는 거야~

1   $30-6-6-6-6-6=0$

→ $30÷6=5$

2   $32-4-4-4-4-4-4-4-4=0$

→

3   $36-9-9-9-9=0$

→

4   $42-6-6-6-6-6-6-6=0$

→

5   $28÷7=4$

→

6   $35÷5=7$

→

7   $40÷8=5$

→

개념 펼치기

정답 15쪽

✏️ 식을 세우고 빈칸을 알맞게 채우세요.

> 문장을 읽고, 어떤 상황인지
> 머릿속으로 상상해 봐~

1 구슬 20개를 한 명에게 5개씩 나누어 주면 몇 명에게 나누어 줄 수 있을까요?

나눗셈식: **20÷5=4**

→ 구슬 20개를 5개씩 | 4 | 명에게 나누어 줄 수 있습니다.

2 어묵 9개를 막대에 3개씩 꽂으면 막대 어묵을 몇 개 만들 수 있을까요?

나눗셈식:

→ 어묵 9개를 3개씩 꽂으면 막대 어묵 | | 개를 만들 수 있습니다.

3 초콜릿 10개를 하루에 2개씩 먹으면 며칠 동안 먹을 수 있을까요?

나눗셈식:

→ 초콜릿 10개를 2개씩 | | 일 동안 먹을 수 있습니다.

4 사탕 18개를 한 봉지에 6개씩 담으면 몇 봉지가 될까요?

나눗셈식:

→ 사탕 18개를 6개씩 담으면 | | 봉지가 됩니다.

같은 그림을 곱셈식으로도

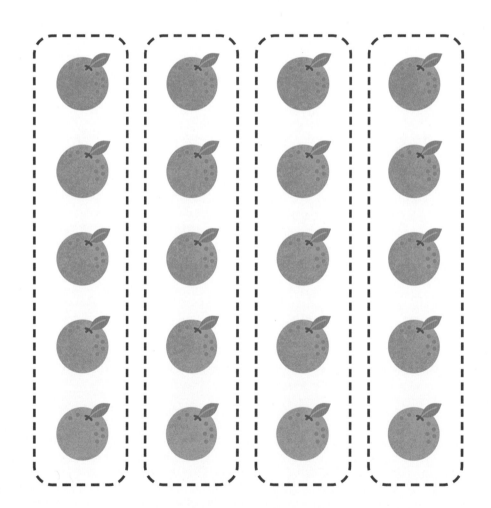

5개씩 4묶음이면 20개

20개를 5개씩 묶으면 4묶음

나눗셈식으로도 쓸 수 있다!

5 × 4 = 20

→ 5씩 4묶음 있으면 20

20 ÷ 5 = 4

→ 20을 5씩 묶으면 4묶음

전체 ÷/× 묶음

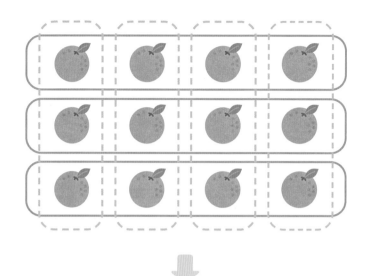

곱셈	나눗셈
4씩 3줄이므로 12 4×3=12	12÷4=3 12를 4씩 묶으면 3줄
3씩 4줄이므로 12 3×4=12	12÷3=4 12를 3씩 묶으면 4줄

3-12

개념 익히기

정답 15쪽

✏️ 그림을 보고 빈칸을 채우세요.

6 씩 3묶음이므로 18 → [   ]×3=18   18÷[   ]=3 ← 18을 6 씩 묶으면 3묶음

3씩 [   ] 묶음이므로 18 → [   ]×6=18   18÷[   ]=6 ← 18을 [   ]씩 묶으면 6묶음

그림을 보고 알맞은 곱셈식 2개와 나눗셈식 2개를 쓰세요.

몇 개씩 몇 묶음을 곱셈으로 쓰고,
그걸 다시 나눗셈으로 써 봐!

1

$$4 \times 2 = 8$$
$$2 \times 4 = 8$$
$$8 \div 4 = 2$$
$$8 \div 2 = 4$$

2

$$\underline{} \times \underline{} = \underline{}$$
$$\underline{} \times \underline{} = \underline{}$$
$$\underline{} \div \underline{} = \underline{}$$
$$\underline{} \div \underline{} = \underline{}$$

3

$$\underline{} \times \underline{} = \underline{}$$
$$\underline{} \times \underline{} = \underline{}$$
$$\underline{} \div \underline{} = \underline{}$$
$$\underline{} \div \underline{} = \underline{}$$

4

$$\underline{} \times \underline{} = \underline{}$$
$$\underline{} \times \underline{} = \underline{}$$
$$\underline{} \div \underline{} = \underline{}$$
$$\underline{} \div \underline{} = \underline{}$$

개념 펼치기

정답 16쪽

🖉 곱셈식은 나눗셈식 2개, 나눗셈식은 곱셈식 2개로 쓰세요.

곱셈과 나눗셈은 친구 사이!

1   $6 \times 9 = 54$

→ 54 ÷ 6 = 9

→ 54 ÷ 9 = 6

2   $4 \times 3 = 12$

→ ☐ ÷ ☐ = ☐

→ ☐ ÷ ☐ = ☐

3   $7 \times 8 = 56$

→ ☐ ÷ ☐ = ☐

→ ☐ ÷ ☐ = ☐

4   $48 \div 6 = 8$

→ ☐ × ☐ = ☐

→ ☐ × ☐ = ☐

5   $32 \div 8 = 4$

→ ☐ × ☐ = ☐

→ ☐ × ☐ = ☐

6   $36 \div 4 = 9$

→ ☐ × ☐ = ☐

→ ☐ × ☐ = ☐

7   $9 \times 5 = 45$

→ ☐ ÷ ☐ = ☐

→ ☐ ÷ ☐ = ☐

8   $7 \times 4 = 28$

→ ☐ ÷ ☐ = ☐

→ ☐ ÷ ☐ = ☐

개념 펼치기

정답 16쪽

✏️ 구슬에 적힌 세 수를 사용해 곱셈식 2개와 나눗셈식 2개를 만드세요.

세 수로 곱셈식과 나눗셈식을 어떻게 만들지 잘 생각해 봐~

1

⑥　④　㉔

$\boxed{6} \times \boxed{4} = \boxed{24}$

$4 \times 6 = 24$

$24 \div 6 = 4$

$\boxed{24} \div \boxed{4} = \boxed{6}$

2

③　⑦　㉑

$\boxed{} \times \boxed{} = \boxed{}$

$7 \times 3 = 21$

$\boxed{} \div \boxed{} = \boxed{}$

$21 \div 7 = 3$

3

④　②　⑧

$4 \times 2 = 8$

$\boxed{} \times \boxed{} = \boxed{}$

$8 \div 4 = 2$

$\boxed{} \div \boxed{} = \boxed{}$

4

⑦　⑥　㊷

$7 \times 6 = 42$

$\boxed{} \times \boxed{} = \boxed{}$

$\boxed{} \div \boxed{} = \boxed{}$

$42 \div 6 = 7$

20을   5씩 묶었을 때   묶음의 개수

$$20 ÷ 5 = ?$$

나눗셈과 곱셈은 친구! 곱셈식으로 몫을 구해요.

묶음이 **1**개면 -------- 5×1=5

묶음이 **2**개면 -------- 5×2=10

묶음이 **3**개면 -------- 5×3=15

묶음이 **4**개면 -------- 5×4=20

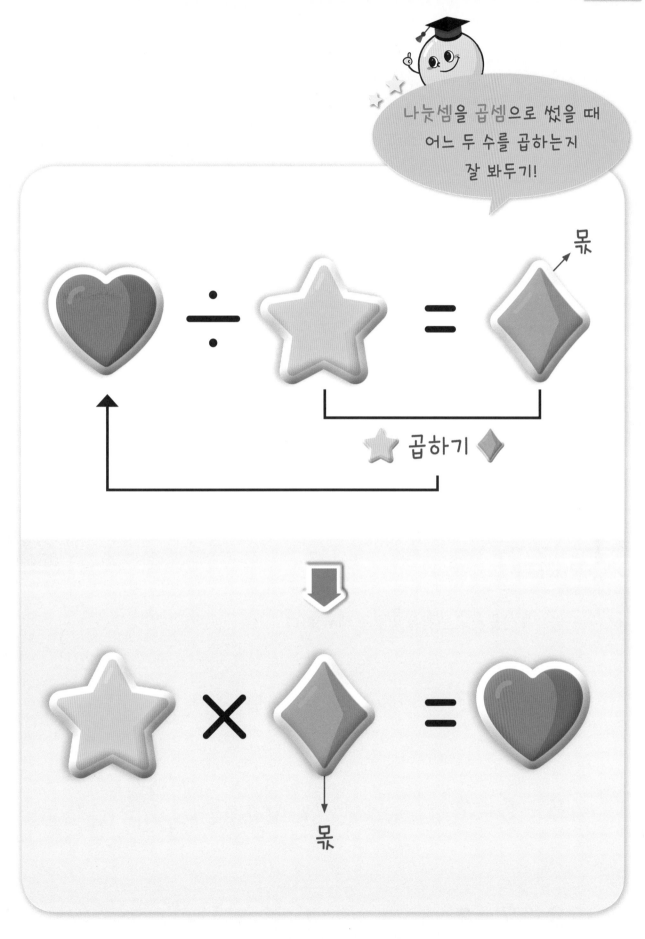

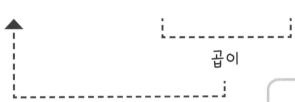

18 ÷ 6 = ?

곱이

6 × ? = 18

➡ ? = 3

6에 무엇을 곱해야 18이 되는지
6단 곱셈구구를 떠올려 보자!

6×1=6
6×2=12
6×3=18
⋮

3-17

개념 익히기

정답 16쪽

✎ 나눗셈식에 선을 긋고 빈칸을 알맞게 채우세요.

1 40 ÷ 8 = **?** → 필요한 곱셈구구는 **8** 단

2 45 ÷ 5 = **?** → 필요한 곱셈구구는 ☐ 단

3 28 ÷ 7 = **?** → 필요한 곱셈구구는 ☐ 단

개념 다지기

✏️ 나눗셈식에 선을 긋고, 필요한 곱셈식과 몫을 구하세요.

어떤 두 수를 곱해야 하는지
선으로 잘 연결해 봐~

1 $72 \div 8 = \boxed{9}$

곱셈식 ___ $8 \times 9 = 72$ ___

2 $81 \div 9 = \boxed{}$

곱셈식 _____

3 $48 \div 6 = \boxed{}$

곱셈식 _____

4 $32 \div 8 = \boxed{}$

곱셈식 _____

5 $21 \div 3 = \boxed{}$

곱셈식 _____

6 $12 \div 4 = \boxed{}$

곱셈식 _____

개념 다지기

정답 17쪽

정답 17쪽

✏️ 관계있는 것끼리 선으로 이으세요.

> ♥ ÷ ★ =?은
> ★ × ? = ♥ 로
> 몫을 찾는 거야!

$45 \div 5$	$8 \times \square = 32$	몫: 9
$32 \div 8$	$3 \times \square = 21$	몫: 4
$48 \div 8$	$5 \times \square = 45$	몫: 6
$21 \div 3$	$4 \times \square = 12$	몫: 7
$56 \div 7$	$8 \times \square = 48$	몫: 8
$12 \div 4$	$9 \times \square = 18$	몫: 3
$18 \div 9$	$7 \times \square = 56$	몫: 2

개념 펼치기

✏️ 식을 세우고 답을 구하세요.

문장을 읽고 어떤 상황인지
상상해 봐~

1 동호네 반 학생 **32**명이 승합차 **4**대에 똑같이 나누어 타고 소풍을 갑니다.
한 대에 몇 명씩 탔을까요?

나눗셈식: $32 \div 4 = 8$　　　　곱셈식: $4 \times 8 = 32$

→ 답: **8** 명

2 삼각김밥 **12**개를 한 명에게 **2**개씩 주려고 합니다.
몇 명에게 나누어 줄 수 있을까요?

나눗셈식: _____　　　　곱셈식: _____

→ 답: ☐ 명

3 캐러멜 **16**개를 한 봉지에 **4**개씩 담아 포장하려고 합니다.
필요한 봉지는 몇 개일까요?

나눗셈식: _____　　　　곱셈식: _____

→ 답: ☐ 개

4 장미꽃 **35**송이를 꽃병 **5**개에 똑같이 나누어 꽂으려고 합니다.
꽃병 하나에 몇 송이씩 꽂으면 될까요?

나눗셈식: _____　　　　곱셈식: _____

→ 답: ☐ 송이

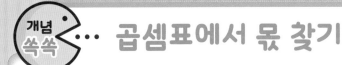
⭐ 12÷3=☐의 몫을 구하기 위한 곱셈식은 3×☐=12입니다.

따라서 3단 곱셈구구에서 곱이 12가 나오는 곱셈식을 찾습니다.

몫

×	1	2	3	4	5
1	1	2	3	4	5
2	2	4	6	8	10
3	3	6	9	12	15
4	4	8	12	16	20

몫

$$12 \div 3 = \boxed{?}$$

➡ $$3 \times \boxed{4} = 12$$

나누어지는 수

3-21

개념 익히기

정답 17쪽

✏️ 나누어지는 수를 표에서 ○표 하고 몫을 찾기 위한 곱셈식을 곱셈표에서 선으로 표시하세요.

1　20 ÷ 4

×	1	2	3	4	5	6
1	1	2	3	4	5	6
2	2	4	6	8	10	12
3	3	6	9	12	15	18
4	4	8	12	16	20	24
5	5	10	15	20	25	30
6	6	12	18	24	30	36

2　30 ÷ 5

×	1	2	3	4	5	6
1	1	2	3	4	5	6
2	2	4	6	8	10	12
3	3	6	9	12	15	18
4	4	8	12	16	20	24
5	5	10	15	20	25	30
6	6	12	18	24	30	36

3　18 ÷ 3

×	1	2	3	4	5	6
1	1	2	3	4	5	6
2	2	4	6	8	10	12
3	3	6	9	12	15	18
4	4	8	12	16	20	24
5	5	10	15	20	25	30
6	6	12	18	24	30	36

개념 다지기

정답 17쪽

✏️ 곱셈표에 표시된 것을 이용하여 알맞은 나눗셈식을 쓰고 빈칸을 채우세요.

> 곱셈표에서 나눗셈식부터 찾고,
> 그 나눗셈이 의미하는 것을 생각해 봐~

1

×	1	2	3	4	5	6	7
1	1	2	3	4	5	6	7
2	2	4	6	8	10	12	14
3	3	6	9	12	15	18	21
4	4	8	12	16	20	24	28
5	5	10	15	20	25	30	35
6	6	12	18	24	30	36	42
7	7	14	21	28	35	42	49

나눗셈식 $15 \div 3 = 5$

올챙이 15마리를 한 명에게 3마리씩 나누어 주면 5 명에게 나누어 줄 수 있습니다.

2

×	1	2	3	4	5	6	7
1	1	2	3	4	5	6	7
2	2	4	6	8	10	12	14
3	3	6	9	12	15	18	21
4	4	8	12	16	20	24	28
5	5	10	15	20	25	30	35
6	6	12	18	24	30	36	42
7	7	14	21	28	35	42	49

나눗셈식

쿠키 24개를 4명에게 똑같이 나누어 주면 한 명에게 쿠키를 [ ] 개씩 줄 수 있습니다.

3

×	1	2	3	4	5	6	7
1	1	2	3	4	5	6	7
2	2	4	6	8	10	12	14
3	3	6	9	12	15	18	21
4	4	8	12	16	20	24	28
5	5	10	15	20	25	30	35
6	6	12	18	24	30	36	42
7	7	14	21	28	35	42	49

나눗셈식

방충제 42알을 옷장 6개에 똑같이 나누어 놓으려면 옷장 한 개에 방충제를 [ ] 알씩 놓으면 됩니다.

1 그림을 보고 빈칸을 알맞게 채우세요.

$$12 \div 4 = \boxed{}$$

(2~3)

24자루의 색연필을 친구들에게 8자루씩 나누어 주려고 합니다. 물음에 답하세요.

2 뺄셈식을 사용해 몇 명에게 나누어 줄 수 있는지 구하세요.

식 _____

$\boxed{}$ 명

3 나눗셈식을 사용해 몇 명에게 나누어 줄 수 있는지 구하세요.

식 _____

$\boxed{}$ 명

4 몫이 같은 것끼리 선으로 이으세요.

$32 \div 4$ ·   · $49 \div 7$

$9 \div 3$ ·   · $18 \div 6$

$56 \div 8$ ·   · $72 \div 9$

5 $24 \div 4$의 몫을 곱셈식을 이용하여 구하려고 할 때, 빈칸을 알맞게 채우세요.

$$4 \times \boxed{} = \boxed{}$$

6 몫의 크기를 비교하여 ○ 안에 >, =, <를 알맞게 쓰세요.

$81 \div 9$ ◯ $27 \div 3$

7 나눗셈식을 곱셈식으로 쓰세요.

$$63 \div 7 = 9$$

$$\boxed{} \times \boxed{} = 63$$

$$\boxed{} \times \boxed{} = 63$$

8 곱셈식을 나눗셈식으로 쓰세요.

$$5 \times 8 = 40$$

$$40 \div \boxed{} = \boxed{}$$

$$40 \div \boxed{} = \boxed{}$$

9 ○ 안에 들어갈 수가 더 큰 식의 기호를 쓰세요.

$$\bigcirc \ 35 \div \bigcirc = 7$$

$$\bigcirc \ \bigcirc \div 2 = 3$$

(10~11)

외계인 15명이 우주선 3대에 똑같이 나누어 탔습니다. 물음에 답하세요.

10 우주선 한 대에 외계인이 몇 명 탔는지 나눗셈식으로 쓰세요.

11 위에서 구한 나눗셈식을 2개의 곱셈식으로 쓰세요.

12 21÷7=3에 대한 설명입니다. 바르게 설명한 사람의 이름을 모두 쓰세요.

선우

지우개 21개를 7명에게 3개씩 나누어 줄 수 있다는 이야기야.

진솔

곱셈식으로 바꾸면 21×7로 나타낼 수 있어.

미진

7단 곱셈구구로 바른 나눗셈인지 확인할 수 있어.

재영

21-7-7-7=0의 방법으로도 몫이 3인 걸 알 수 있어.

>

13 장미꽃 56송이를 7송이씩 나누어 꽃병에 꽂으려고 합니다. 필요한 꽃병은 몇 개일까요?

 개

14 몫이 작은 것부터 차례대로 기호를 쓰세요.

| ㉠ 27÷9 | ㉡ 64÷8 |
| ㉢ 35÷5 | ㉣ 10÷2 |

>

15 어떤 수를 6으로 나누었더니 몫이 4였습니다. 어떤 수는 얼마일까요?

>

16 빈칸을 알맞게 채우세요.

÷

54	9	
6	3	

÷

정답 18쪽

(17~18)

필요한 식을 아래의 곱셈표에 선으로 표시하면서 물음에 답하세요.

×	1	2	3	4	5	6	7	8	9
1	1	2	3	4	5	6	7	8	9
2	2	4	6	8	10	12	14	16	18
3	3	6	9	12	15	18	21	24	27
4	4	8	12	16	20	24	28	32	36
5	5	10	15	20	25	30	35	40	45
6	6	12	18	24	30	36	42	48	54
7	7	14	21	28	35	42	49	56	63
8	8	16	24	32	40	48	56	64	72
9	9	18	27	36	45	54	63	72	81

17 어느 동물원에서는 매일 바나나 20개를 고릴라 4마리에게 줍니다. 고릴라들이 바나나를 똑같이 나누어 먹는다면, 고릴라 한 마리가 하루에 먹는 바나나는 몇 개일까요?

> ☐ 개

18 이 동물원에 고릴라 3마리가 더 들어와 모두 7마리가 되었습니다. 매일 주는 바나나는 28개로 늘렸습니다. 고릴라들이 여전히 바나나를 똑같이 나누어 먹는다면, 고릴라 한 마리가 하루에 먹는 바나나는 몇 개일까요?

> ☐ 개

서술형

19 성규는 한 통에 6개씩 들어있는 사탕 6통을 사서 친구 4명에게 똑같이 나누어 주었습니다. 한 명이 받은 사탕의 개수는 몇 개인지 풀이 과정과 답을 쓰세요.

풀이 ☉ _____

_____

_____

_____

_____

답: ☐ 개

서술형

20 주혁이네 반은 28명이고, 예진이네 반은 32명입니다. 두 반을 각각 4모둠으로 나눌 때 주혁이네 반의 한 모둠과 예진이네 반의 한 모둠을 더하면 몇 명일까요?

풀이 ☉ _____

_____

_____

_____

_____

_____

답: ☐ 명

상상력 키우기

1 새로운 나눗셈 기호를 자유롭게 만들어 보고, 내가 만든 기호를 이용해 나눗셈식을 써 보세요.

2 만약 나눗셈이 없다면 어떤 일이 벌어질까요?

4. 곱셈

이 단원에서 배울 내용

두 자리 수와 한 자리 수의 곱셈

① (몇십) × (몇)
② (몇십몇) × (몇) (1)
③ (몇십몇) × (몇) (2)
④ (몇십몇) × (몇) (3)
⑤ (몇십몇) × (몇) (4)

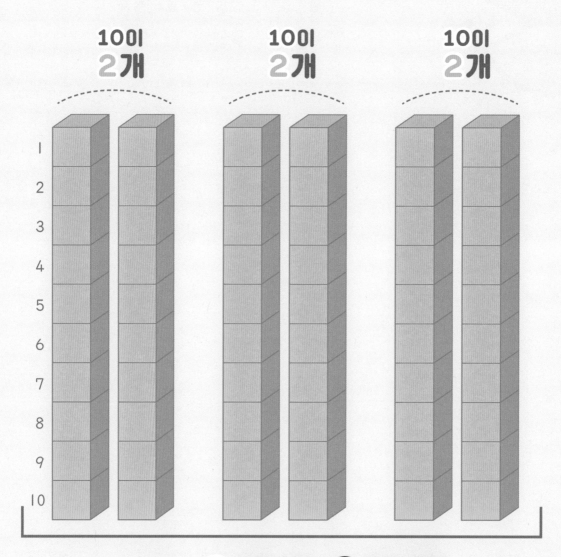

10이 **2개**   10이 **2개**   10이 **2개**

1
2
3
4
5
6
7
8
9
10

10이 **2개씩 3묶음**

$$20 \times 3$$

곱해서 2×3

십 모형 하나를 |로 생각해서 계산!

10이 6개

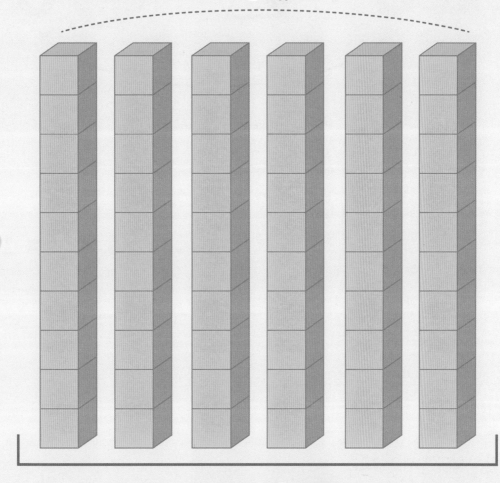

10이 6개

그대로

= **60**

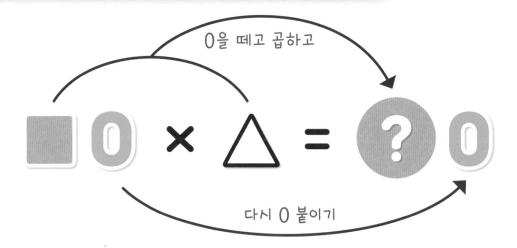

0을 떼고 곱하고

다시 0 붙이기

30 × 4 = ?

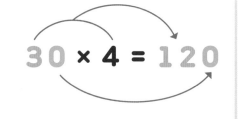

• 십 모형이 3개씩 4묶음입니다.
• 십 모형이 3×4=12개입니다.

➡ 30 × 4 = 120

4-02

개념 익히기

정답 19쪽

✏️ 빈칸을 알맞게 채우세요.

1 20×4: 십 모형이 2개씩 4묶음

$$\boxed{2} \times \boxed{4} = \boxed{8}$$

→ 20×4= $\boxed{80}$

2 30×3: 십 모형이 3개씩 3묶음

$$\boxed{} \times \boxed{} = \boxed{}$$

→ 30×3= $\boxed{}$

3 30×5: 십 모형이 3개씩 5묶음

$$\boxed{} \times \boxed{} = \boxed{}$$

→ 30×5= $\boxed{}$

🖉 빈칸을 알맞게 채우세요.

0 떼고 곱하고,
0 다시 붙이기

1

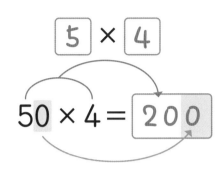

$\boxed{5} \times \boxed{4}$

$50 \times 4 = \boxed{200}$

2

$\boxed{} \times \boxed{}$

$20 \times 3 = \boxed{}$

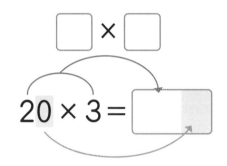

3

$\boxed{} \times \boxed{}$

$70 \times 5 = \boxed{}$

4

$\boxed{} \times \boxed{}$

$40 \times 6 = \boxed{}$

5

$\boxed{} \times \boxed{}$

$90 \times 2 = \boxed{}$

6

$\boxed{} \times \boxed{}$

$80 \times 5 = \boxed{}$

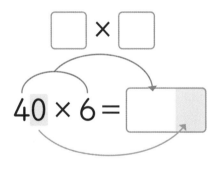

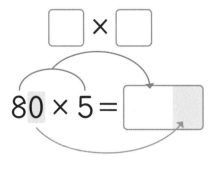

개념 다지기

계산해 보세요.

1 $50 \times 5 = 250$

2 $40 \times 2 =$

3 $70 \times 3 =$

4 $20 \times 6 =$

5 $30 \times 9 =$

6 $60 \times 5 =$

7 $80 \times 7 =$

개념 펼치기

관계있는 것끼리 선으로 이으세요.

곱한 결과가 같은 것끼리 연결~

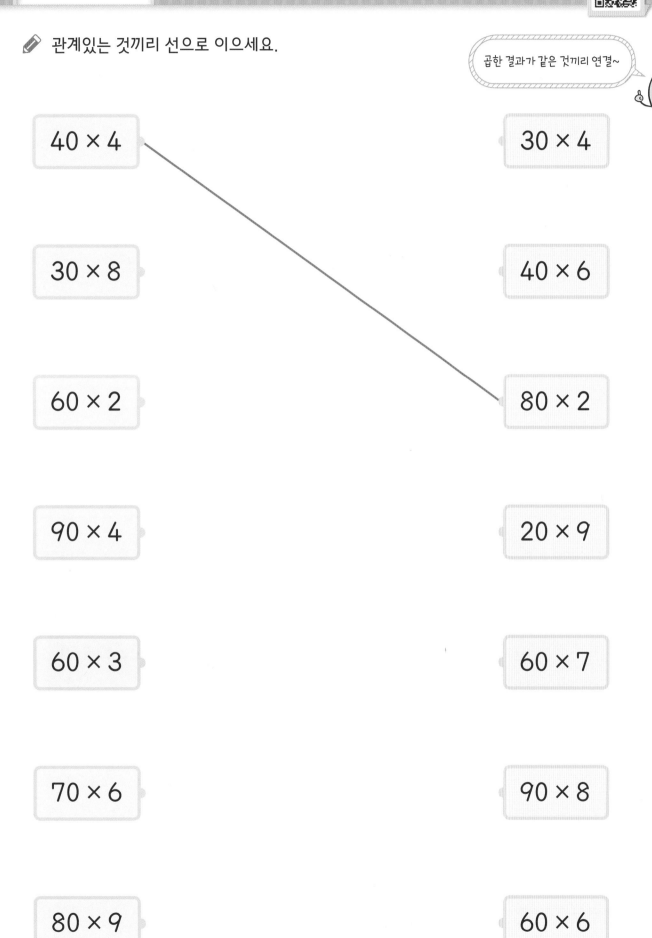

40 × 4	30 × 4
30 × 8	40 × 6
60 × 2	80 × 2
90 × 4	20 × 9
60 × 3	60 × 7
70 × 6	90 × 8
80 × 9	60 × 6

X는 같은 수를
여러 번 +

$$24 \times 2 = \,?$$

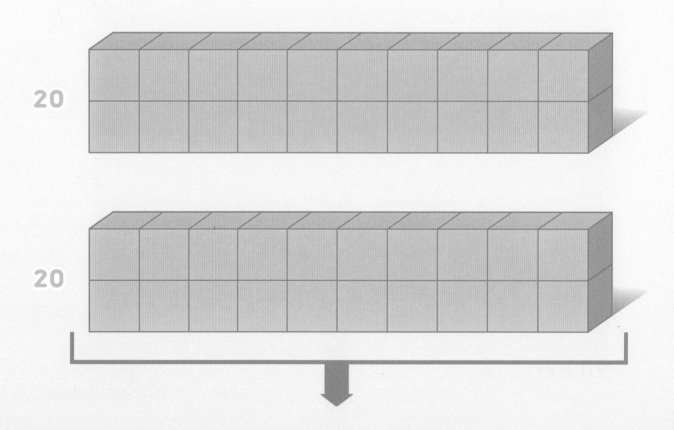

20

20

$$20 \times 2 = 40$$

24 + 24 = 48

* 십의 자리와 일의 자리를 따로 계산해서 더합니다.

4

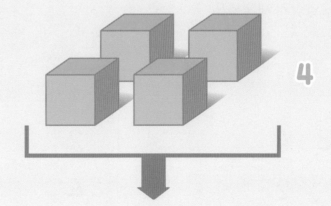
4

4 × 2 = 8

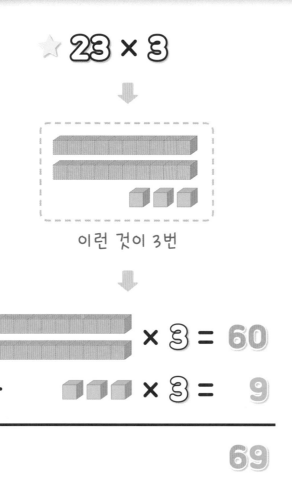

☆ 23 × 3

이런 것이 3번

= × 3 = 60

+ ■■■ × 3 = 9

69

세로로 바꿔서
계산합니다.

2 3
× ② 3 ①
——————
6 9

개념 익히기

정답 20쪽

4-07

✏ 빈칸을 알맞게 채우세요.

1	2	3

1

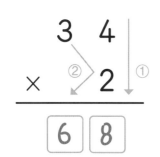

3 4
× ② 2 ①
——————
6 8

2

1 2
× ② 4 ①
——————
□ □

3

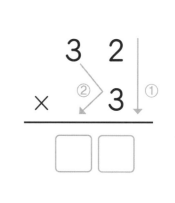

3 2
× ② 3 ①
——————
□ □

 계산해 보세요.

일의 자리랑 곱한 수는
일의 자리에 쓰고, 십의 자리랑
곱한 수는 십의 자리에 쓰기!

1

```
    2 4
 ×    2
───────
    4 8
```

2

```
    2 2
 ×    3
───────
```

3

```
    1 3
 ×    2
───────
```

4

```
    3 1
 ×    3
───────
```

5

```
    1 4
 ×    2
───────
```

6

```
    4 4
 ×    2
───────
```

7

```
    1 2
 ×    3
───────
```

8

```
    4 1
 ×    2
───────
```

9

```
    2 1
 ×    3
───────
```

10

```
    4 3
 ×    2
───────
```

$$62 \times 4$$

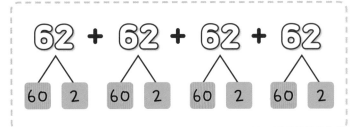

$$62 + 62 + 62 + 62$$

| 60 | 2 | 60 | 2 | 60 | 2 | 60 | 2 |

$$60 \times 4 = 240$$
$$+ \quad 2 \times 4 = \quad\; 8$$

$$248$$

세로로 바꿔서
계산합니다.

```
    6 2
  ×   4
  ─────
  2 4 8
```

4-09

정답 21쪽

개념 익히기

🖊 빈칸을 알맞게 채우세요.

1

```
    4 2
  ×   4
  ─────
  1 6 8
```

2

```
    6 3
  ×   3
  ─────
  □ □ □
```

3

```
    5 2
  ×   4
  ─────
  □ □ □
```

✏️ 계산해 보세요.

> 십의 자리랑 곱한 결과가 두 자리 수이면
> 백의 자리로 올림해서 쓰면 돼~

1
```
    7 2
  ×   3
  -----
  2 1 6
```

2
```
    6 1
  ×   4
  -----
```

3
```
    8 3
  ×   2
  -----
```

4
```
    5 3
  ×   3
  -----
```

5
```
    9 1
  ×   6
  -----
```

6
```
    5 4
  ×   2
  -----
```

7
```
    4 1
  ×   5
  -----
```

8
```
    3 2
  ×   4
  -----
```

9
```
    7 3
  ×   2
  -----
```

10
```
    4 3
  ×   3
  -----
```

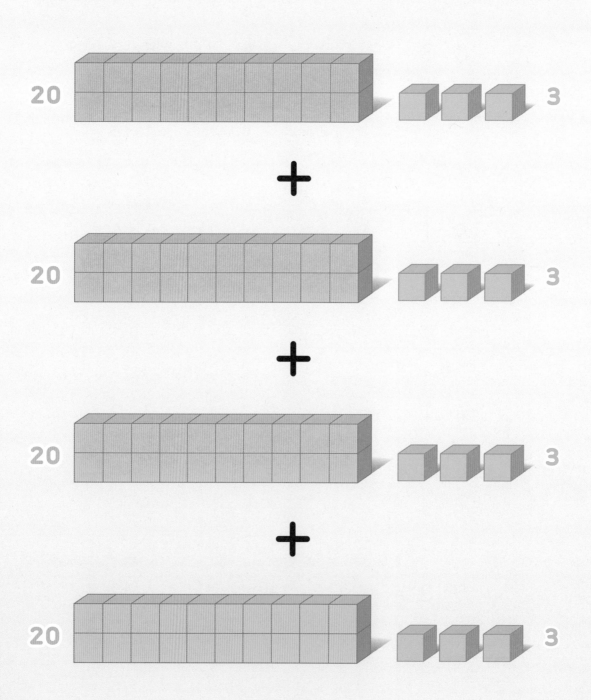

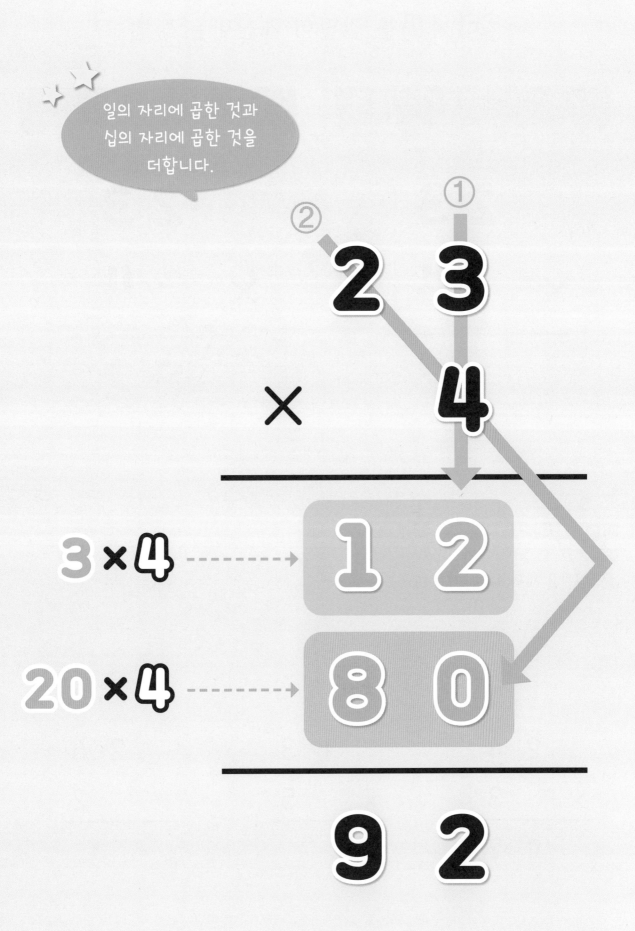

일의 자리에 곱한 것과
십의 자리에 곱한 것을
더합니다.

개념 쏙쏙 … 십의 자리로 올림하는 곱셈

☆ **23 × 4** 를 간단히 계산하는 방법

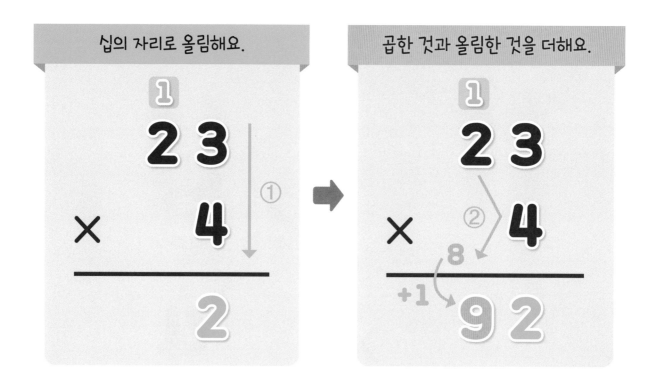

십의 자리로 올림해요.

곱한 것과 올림한 것을 더해요.

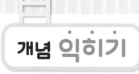 개념 **익히기**

4-12
정답 21쪽

✏️ 빈칸을 채우며 계산해 보세요.

1

$$\begin{array}{r} \boxed{1} \\ 2\,4 \\ \times\quad 3 \\ \hline 7\,2 \end{array}$$

2

$$\begin{array}{r} \square \\ 1\,3 \\ \times\quad 5 \\ \hline \end{array}$$

3

$$\begin{array}{r} \square \\ 2\,6 \\ \times\quad 2 \\ \hline \end{array}$$

✏️ 계산해 보세요.

일의 자리에서
올림한 수도 까먹지 말기!

1
$$
\begin{array}{r}
{\scriptstyle 2} \\
1\ 4 \\
\times\ \ \ \ 5 \\
\hline
7\ 0
\end{array}
$$

2
$$
\begin{array}{r}
3\ 6 \\
\times\ \ \ \ 2 \\
\hline
\end{array}
$$

3
$$
\begin{array}{r}
1\ 5 \\
\times\ \ \ \ 3 \\
\hline
\end{array}
$$

4
$$
\begin{array}{r}
2\ 9 \\
\times\ \ \ \ 3 \\
\hline
\end{array}
$$

5
$$
\begin{array}{r}
1\ 9 \\
\times\ \ \ \ 4 \\
\hline
\end{array}
$$

6
$$
\begin{array}{r}
3\ 8 \\
\times\ \ \ \ 2 \\
\hline
\end{array}
$$

7
$$
\begin{array}{r}
2\ 6 \\
\times\ \ \ \ 3 \\
\hline
\end{array}
$$

8
$$
\begin{array}{r}
2\ 4 \\
\times\ \ \ \ 4 \\
\hline
\end{array}
$$

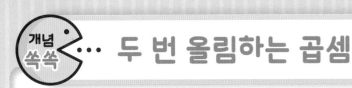
개념 쏙쏙 ··· 두 번 올림하는 곱셈

☆ 38 × 5 를 간단히 계산하는 방법

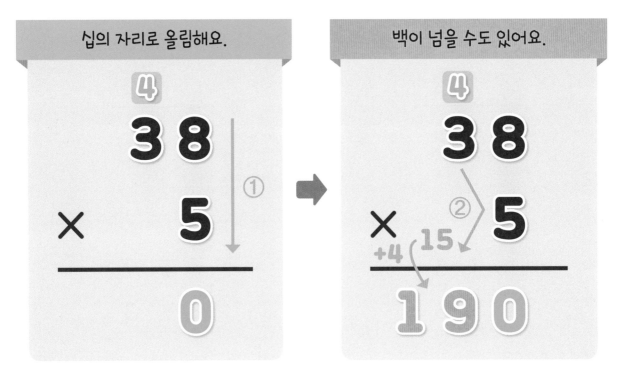

십의 자리로 올림해요.

백이 넘을 수도 있어요.

* 5 × 38은 38 × 5와 같습니다.

정답 22쪽

4-14

✏️ 빈칸을 채우며 계산해 보세요.

1

```
  [3]
  5 7
×   5
─────
2 8 5
```

2

```
  [ ]
  8 3
×   4
─────
```

3

```
  [ ]
  7 6
×   3
─────
```

개념 다지기

✏️ 빈칸을 알맞게 채우세요.

일의 자리 먼저 계산하고
십의 자리를 계산하자~

1

```
      1  4
  ×      6
  ─────────
      2  4   ← [4] ×6
      6  0   ← [10] ×6
  ─────────
     [8  4]
```

2

```
      2  7
  ×      3
  ─────────
      2  1   ← [ ] ×3
  [      ]   ← 20×3
  ─────────
  [      ]
```

3

```
      2  6
  ×      7
  ─────────
      4  2   ← [ ] × [ ]
   1  4  0   ← [ ] [ ] × [ ]
  ─────────
  [         ]
```

4

```
      1  8
  ×      4
  ─────────
  [      ]   ← 8×4
      4  0   ← [ ] [ ] × [ ]
  ─────────
  [      ]
```

5

```
      7  3
  ×      5
  ─────────
      1  5   ← [ ] × [ ]
  [      ]   ← 70×5
  ─────────
  [      ]
```

6

```
      3  9
  ×      8
  ─────────
  [      ]   ← 9×8
  [      ]   ← 30×8
  ─────────
  [      ]
```

십의 자리로 올림한 것을
꼭! 적어서 계산하기~

✏ 계산해 보세요.

1
```
      4
    4 8
  ×   6
  ─────
  2 8 8
```

2
```
    7 3
  ×   5
  ─────
```

3
```
    3 6
  ×   4
  ─────
```

4
```
    5 4
  ×   6
  ─────
```

5
```
    6 2
  ×   7
  ─────
```

6
```
    9 8
  ×   3
  ─────
```

7
```
    8 2
  ×   5
  ─────
```

8
```
    6 9
  ×   7
  ─────
```

9
```
    4 5
  ×   6
  ─────
```

10
```
    3 8
  ×   9
  ─────
```

개념 펼치기

✏️ 빈칸을 알맞게 채우세요.

귀찮아하지 말고,
꼭! 세로로 적어서 계산해~

1 27 ×8 → 216

2 62 ×4 → ☐

3 41 ×2 → ☐

4 51 ×9 → ☐

5 23 ×6 → ☐

6 47 ×5 → ☐

7 54 ×3 → ☐

8 82 ×7 → ☐

9 67 ×8 → ☐

10 24 ×9 → ☐

개념 펼치기

✎ 식을 세우고 빈칸을 알맞게 채우세요.

1 한 묶음에 **20**장씩 들어있는 색종이를 **3**묶음 샀습니다.
산 색종이는 모두 몇 장일까요?

→ 곱셈식: $20 \times 3 = 60$ → 답: 60 장

2 모둠 **4**개에 색연필을 각각 **14**자루씩 나누어 주었습니다.
나누어 준 색연필은 모두 몇 자루일까요?

→ 곱셈식: _____   → 답: ☐ 자루

3 한 상자에 **24**봉지씩 들어있는 과자가 **6**상자 있습니다.
과자는 모두 몇 봉지일까요?

→ 곱셈식: _____   → 답: ☐ 봉지

4 젤리 **25**개를 한 주머니에 담아서 젤리 주머니를 만들려고 합니다.
젤리 주머니 **9**개를 만들려면 필요한 젤리는 모두 몇 개일까요?

→ 곱셈식: _____   → 답: ☐ 개

□×△=△×□니까
(한 자리)×(두 자리)는
(두 자리)×(한 자리)로 계산할 수 있어!

5 껌 한 상자에는 껌이 **25**통 들어있고, 껌 한 통에는 껌이 **5**개씩 들어있습니다.
껌 한 상자에는 껌이 모두 몇 개 들어있을까요?

→ 곱셈식: _____   → 답: [　　] 개

6 연필꽂이 한 개에 연필을 **36**자루 꽂을 수 있습니다.
연필꽂이가 **7**개 있다면, 꽂을 수 있는 연필은 모두 몇 자루일까요?

→ 곱셈식: _____   → 답: [　　] 자루

7 연희가 기르는 거북이는 한 달 동안 새우 **17**마리를 먹습니다.
그 거북이가 **8**달 동안 먹는 새우는 몇 마리일까요?

→ 곱셈식: _____   → 답: [　　] 마리

8 음료수 한 병을 종이컵에 따르면, **6**잔에 가득 찹니다.
음료수 **28**병을 종이컵에 가득 따른다면 몇 잔에 따를 수 있을까요?

→ 곱셈식: _____   → 답: [　　] 잔

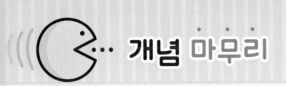

개념 마무리

1 계란이 30개씩 5판 있습니다. 계란의 전체 개수를 구하세요.

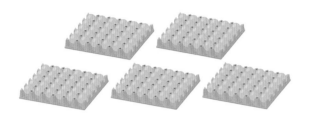

$$30 \times 5 = \boxed{} \text{개}$$

2 빈칸을 알맞게 채우세요.

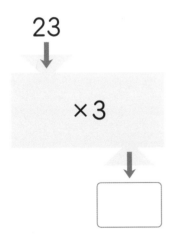

3 두 수의 곱을 빈칸에 쓰세요.

57	4

4 빈칸을 알맞게 채우세요.

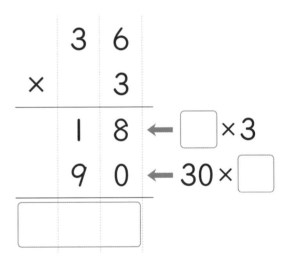

5 계산 결과를 비교하여 ○ 안에 >, =, <를 알맞게 쓰세요.

$$26 \times 8 \bigcirc 45 \times 5$$

정답 23쪽

6 곱셈식의 **2** 가 실제로 나타내는 수는 얼마일까요?

2

```
    3 4
×     7
─────────
  2 3 8
```

◐ _____

7 계산해 보세요.

```
    5 8
×     6
─────────
```

8 은비네 과수원에는 감나무가 한 줄에 43그루씩 3줄 있습니다. 감나무는 모두 몇그루일까요?

◐ [   ] 그루

9 시계의 긴바늘이 한 바퀴 도는 데 걸리는 시간은 60분입니다. 긴바늘이 4바퀴 도는 데 걸리는 시간은 몇 분일까요?

◐ [   ] 분

10 빈칸을 알맞게 채우세요.

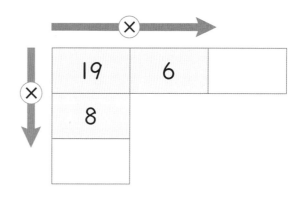

11 잘못된 곳을 찾아 바르게 계산해 보세요.

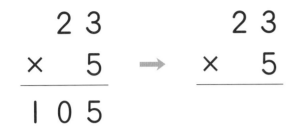

12 빈칸을 알맞게 채우세요.

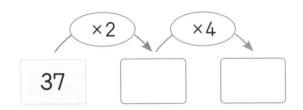

13 계산 결과가 큰 것부터 차례대로 기호를 쓰세요.

> ㉠ 17×8   ㉡ 24×6
>
> ㉢ 38×4   ㉣ 41×3

➋ _____

14 빈칸을 알맞게 채우세요.

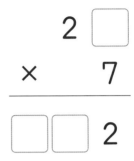

15 수 카드 ③ ⑤ ⑦ 을 한 번씩만 사용하여 (두 자리 수)×(한 자리 수)의 곱셈식을 만들려고 합니다. 계산 결과가 가장 큰 곱셈식을 만들고 계산하세요.

➋ _____

16 빈칸에 들어갈 수 있는 수를 찾아 모두 ○표 하세요.

> 1   2   3   4   5

49×3 > 38×☐

17 관계있는 것끼리 선으로 이으세요.

| 28 × 4 | • | | • | 112 |

| 90 × 5 | • | | • | 56 × 9 |

| 63 × 8 | • | | • | 75 × 6 |

18 두 곱의 차를 구하세요.

| 73 × 3 | 32 × 9 |

◉ _____

19 힘찬 공장에서는 한 시간에 자동차를 28대 만들고, 쌩쌩 공장에서는 한 시간에 자동차를 31대 만듭니다. 두 공장에서 3시간 동안 만든 자동차는 몇 대인지 풀이 과정을 쓰고 답을 구하세요.

풀이 ◉ _____

_____

_____

_____

_____

답: ☐ 대

서술형

20 은율이의 나이는 10살이고 은영이의 나이는 은율이보다 3살 많습니다. 은율이 아버지의 나이는 은영이 나이의 4배일 때 은율이 아버지의 나이는 얼마인지 풀이 과정을 쓰고 답을 구하세요.

풀이 ◉ _____

_____

_____

_____

_____

답: ☐ 살

상상력 키우기

1 일본의 일러스트레이터인 나카무라 미츠루는 아래와 같이 말했어요. 어떤 의미를 담고 있는지 여러분의 생각을 자유롭게 써 보세요.

"인생은 곱셈이다. 어떤 기회가 와도 내가 0이면 아무런 의미가 없다."

2 여러분도 나카무라 미츠루처럼 '곱셈'을 이용해 자신만의 명언을 만들어 보세요.

5 . 길이와 시간

이 단원에서 배울 내용

mm와 km, 1초, 시간의 합과 차

① cm보다 작은 단위   ④ 1분보다 작은 단위

② m보다 큰 단위   ⑤ 시간의 합과 차 (1)

③ 길이와 거리의 어림   ⑥ 시간의 합과 차 (2)

1 cm보다 짧은 것은 어떻게 길이를 잴까?

개미   쌀알   옥수수알

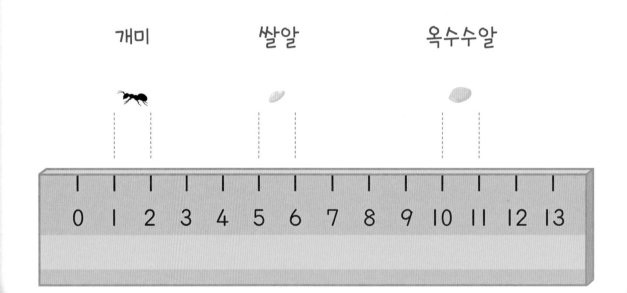

개념쏙쏙 ··· cm보다 작은 단위, mm

1. 1 mm : 1 cm를 10칸으로 나눈 한 칸의 길이

1 mm

읽기 : 1 밀리미터

2. **10 mm = 1 cm**

3. 2 cm 5 mm : 2 cm보다 5 mm 더 긴 것의 길이

2 cm 5 mm

읽기 : 2 센티미터 5 밀리미터

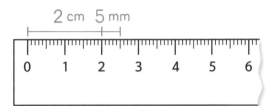

1 cm + 1 cm + 5 mm = 25 mm
   10 mm   10 mm

5-02

개념 익히기

정답 25쪽

✏️ 빈칸을 알맞게 채우세요.

1 30 mm = 10 mm + 10 mm + 10 mm = [3] cm
              =1 cm   =1 cm   =1 cm

   읽기 : [30 밀리미터]

2 40 mm = 10 mm + 10 mm + 10 mm + 10 mm = [   ] cm
              =1 cm   =1 cm   =1 cm   =1 cm

   읽기 : [   ]

개념 다지기

정답 25쪽

✏️ 관계있는 것끼리 선으로 이으세요.

> 1 cm = 10 mm, 2 cm = 20 mm,
> 3 cm = 30 mm, …
> 알고 있지?

100 mm •

150 cm

120 mm •

12 cm

150 mm •

10 cm

200 mm •

33 cm

330 mm •

2 cm

20 mm •

60 cm

600 mm •

20 cm

개념 다지기

정답 26쪽

✏️ 빈칸을 알맞게 채우세요.

자의 눈금을 잘 봐~
작은 눈금 한 칸이 **1** mm야!

1

| 1 | cm | 7 | mm | → | 17 | mm |

2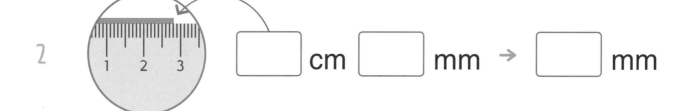

| | cm | | mm | → | | mm |

3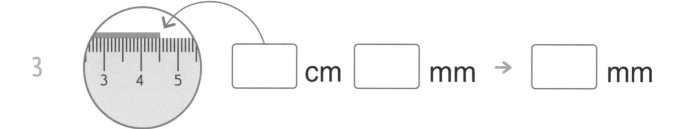

| | cm | | mm | → | | mm |

4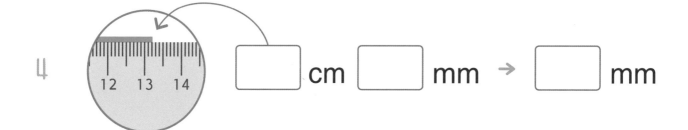

| | cm | | mm | → | | mm |

5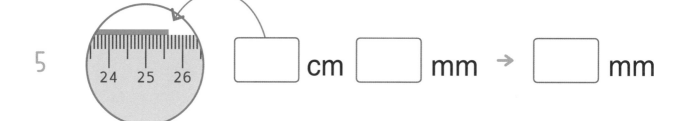

| | cm | | mm | → | | mm |

개념 펼치기

같은 길이가 적힌 점끼리 연결하고, 나타난 글자를 쓰세요.

1 cm = 10 mm

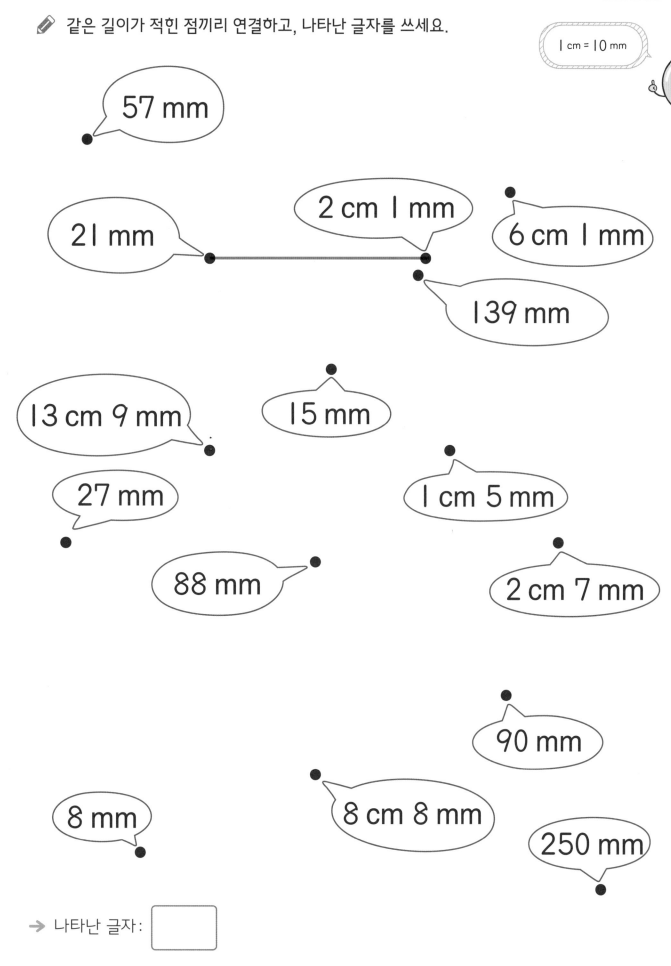

→ 나타난 글자:

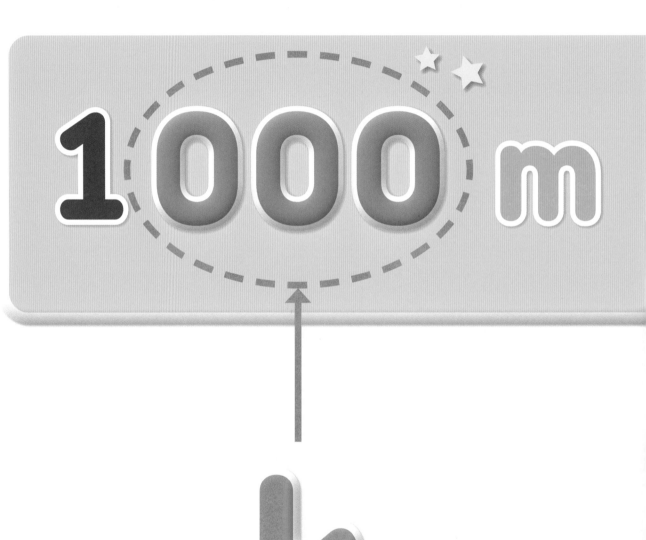

수학에서 사용하는 단위 중에
'k'가 들어가는 단위는
'0' 3개를 의미해~

$$= 1 \text{ km}$$

1 km	=	1000 m
1 m	=	100 cm
1 cm	=	10 mm

1 km > 1 m > 1 cm > 1 mm

 **m보다 큰 단위, km**

1 **1 km = 1000 m**

1 km

읽기: 1 킬로미터

2 2 km 500 m: 2 km보다 500 m 더 긴 것의 길이

2 km 500 m

읽기: 2 킬로미터 500 미터

1 km + 1 km + 500 m = 2500 m
  ″   ″
1000 m   1000 m

 개념 익히기

정답 26쪽

5-07

✏️ 빈칸을 알맞게 채우세요.

1   3 km = 1 km + 1 km + 1 km = $\boxed{3000}$ m
            =1000 m =1000 m =1000 m

읽기: $\boxed{3 \text{ 킬로미터}}$

2   4 km = 1 km + 1 km + 1 km + 1 km = $\boxed{}$ m
            =1000 m =1000 m =1000 m =1000 m

읽기: $\boxed{}$

개념 다지기

정답 26쪽

✏️ 빈칸을 알맞게 채우세요.

> 1 km = 1000 m, 2 km = 2000 m,
> 3 km = 3000 m, … 알고 있지?

1   7 km = $\boxed{7000}$ m

2   2000 m = $\boxed{}$ km

3   5000 m = $\boxed{}$ km

4   8 km 360 m = $\boxed{}$ m

5   9 km 173 m = $\boxed{}$ m

6   4100 m = $\boxed{}$ km $\boxed{}$ m

7   6529 m = $\boxed{}$ km $\boxed{}$ m

어림할 때는 앞에 '약'이라는 글자를 붙여서 나타냅니다.

1 mm는 1 cm를 10으로 나눈 것 중의 하나로, 아주 짧은 것의 길이를 나타낼 때 사용합니다.

| 개미 | 쌀알 | 옥수수알 |

약 6 mm　　　약 3 mm　　　약 5 mm

cm는 손으로 잴 수 있는 물건의 길이를 나타낼 때 사용합니다.
(한 뼘의 길이는 약 15 cm입니다.)

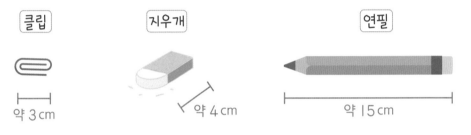

| 클립 | 지우개 | 연필 |

약 3 cm　　약 4 cm　　약 15 cm

m는 손으로 재기에는 길지만 눈으로 어느 정도 길이인지 어림할 수 있을 때 사용합니다. (4살 어린이의 키는 약 1 m입니다.)

| 어린이 | 건물 |

약 1 m　　약 15 m

km는 표지판과 지도에서 주로 사용하며, 너무 길어서 눈으로 볼 수 없는 길이를 나타낼 때 사용합니다.

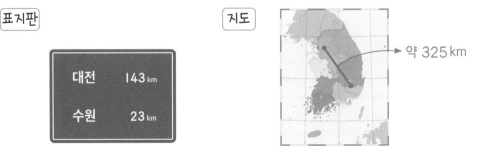

| 표지판 | 지도 |

대전　143 km
수원　23 km

약 325 km

✏️ 보기에서 길이의 단위에 ○표 하고, 관계있는 것끼리 선으로 이으세요.

> 보기에서 길이를
> 나타내는 단위에
> ○표 했니?

| 보기 | (mm) | 시 | cm | 분 | m | kg | km |

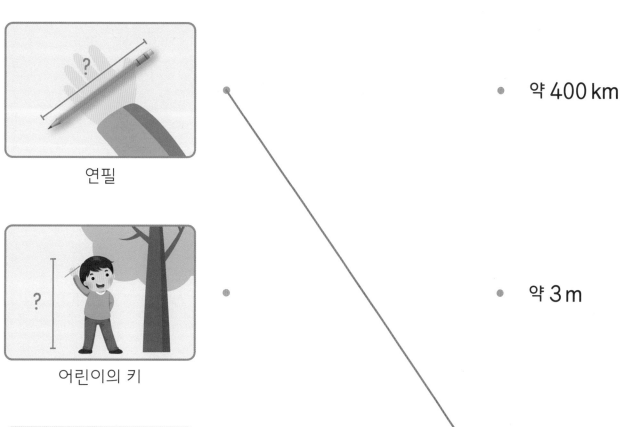

연필

어린이의 키

약 400 km

약 3 m

약 12 cm

나무

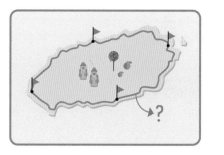

제주 올레길

약 130 cm

개념 다지기

정답 27쪽

✏️ 보기에서 알맞은 단위를 골라 빈칸을 채우세요.

mm, cm, m, km가 어느 정도의 길이인지 알고 있어야 해~

보기	mm	cm	m	km

1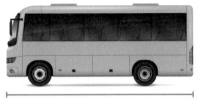

버스의 길이는 **약 12** $\boxed{\text{m}}$ 입니다.

2

바게트의 길이는 **약 60** ☐ 입니다.

3

서해대교의 길이는 **약 7** ☐ 입니다.

4

빨대의 두께는 **약 5** ☐ 입니다.

5

축구장의 긴 쪽의 길이는 **약 120** ☐ 입니다.

6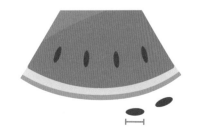

수박씨의 길이는 **약 5** ☐ 입니다.

✏️ 그림을 보고 물음에 답하세요. (▬ ▬ ▬ 표시된 길로만 걸어갈 수 있어요.)

어림할 때는 앞에
'약'이라고 붙여야 해~

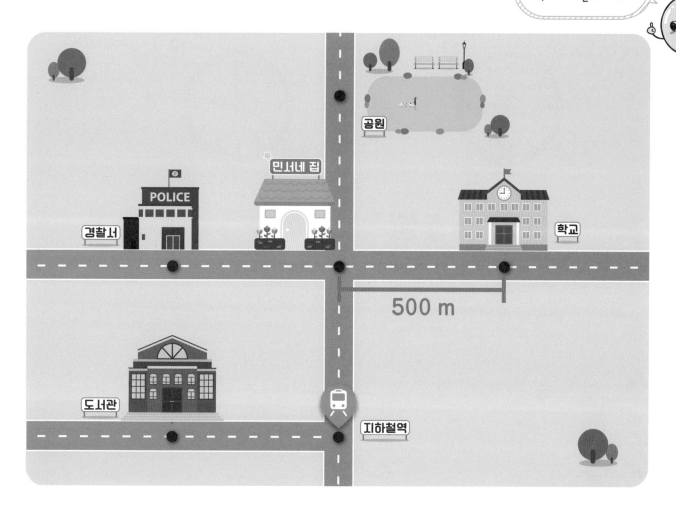

| 1 | 민서네 집에서 지하철역까지는 얼마나 떨어져 있을까요? 약 **500** m

2 경찰서에서 학교까지의 거리는 얼마나 될까요?

3 도서관에서 경찰서까지 걸어서 가려면 몇 m를 가야 할까요?

4 공원에서 도서관까지 걸어서 가려면 몇 m를 가야 할까요?

5 민서네 집에서 걸어서 약 **500** m 떨어진 곳에 있는 장소를 모두 쓰세요.

1 ☆ **1초**: 초바늘이 작은 눈금 한 칸을 가는 동안 걸리는 시간

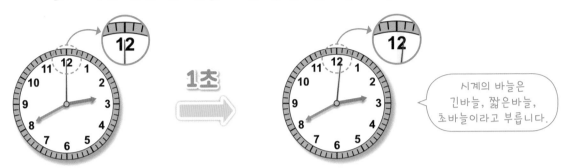

시계의 바늘은 긴바늘, 짧은바늘, 초바늘이라고 부릅니다.

2 ☆

60초 = 1분

: 시계에는 작은 눈금이 60칸 있는데,
초바늘이 시계 한 바퀴를 도는 데 걸리는 시간이 60초이고 그것이 1분입니다.

3 ☆ **시각 읽기**: 몇 시 몇 분 몇 초로 읽습니다.

5-12

정답 28쪽

✏️ 빈칸을 알맞게 채우세요.

1

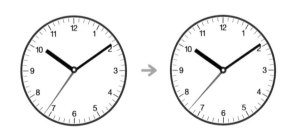

초바늘이 작은 눈금 한 칸을
가는 동안 걸리는 시간 → 1 초

2

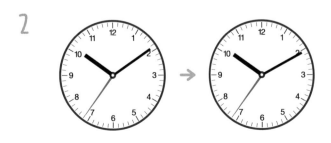

초바늘이 시계를 한 바퀴
도는 데 걸리는 시간 → ☐ 초

개념 다지기

정답 28쪽

✏️ 시계를 보고 시각을 읽어 보세요.

> 긴바늘, 짧은바늘, 초바늘이
> 어디에 있는지 보고
> 차례대로 시각을 읽으면 돼!

1

| 1 | 시 | 15 | 분 | 20 | 초 |

2

| | 시 | | 분 | | 초 |

3

| | 시 | | 분 | | 초 |

4

| | 시 | | 분 | | 초 |

5

| | 시 | | 분 | | 초 |

6

| | 시 | | 분 | | 초 |

개념 다지기

✏️ 빈칸에 알맞은 시간의 단위를 쓰세요.

> 1초, 1분, 1시간이 어느 정도의
> 시간인지 알고 있어야 해~

1   눈을 감았다가 뜨는 데 걸리는 시간   →   1 [초]

2   집에서 학교까지 걸어가는 데 걸리는 시간   →   15 [   ]

3   영화를 보고 돌아오는 데 걸리는 시간   →   3 [   ]

4   1층에서 5층까지 엘리베이터로 올라가는 데 걸리는 시간   →   6 [   ]

5   식사를 하는 데 걸리는 시간   →   30 [   ]

6   펜 뚜껑을 열고 닫는 데 걸리는 시간   →   2 [   ]

7   양치질을 하는 데 걸리는 시간   →   3 [   ]

개념 펼치기

정답 28쪽

 빈칸을 알맞게 채우세요.

1시간 = 60분, 1분 = 60초
알고 있지?

1 　　　　　　　　1분 30초 = 　90 　초

2 　　　　　　　　120초 = 　　　　분

3 　　　　　　　　3분 = 　　　　초

4 　　　　　　　　220초 = 　　　　분 　　　　초

5 　　　　　　　　2분 30초 = 　　　　초

6 　　　　　　　　300초 = 　　　　분

7 　　　　　　　　4분 10초 = 　　　　초

시 간

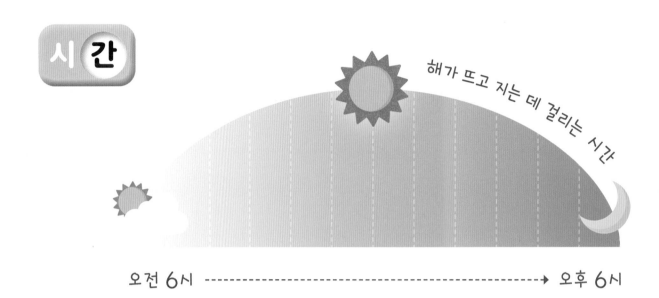

해가 뜨고 지는 데 걸리는 시간

오전 6시 ----------------------------------→ 오후 6시

언제부터 언제까지의 기간을 의미

시 각

딩동댕~ 점심시간 종이 울리는
오후 12시

오전 11시   오후 12시   오후 1시

딱! 몇 시 / 몇 시 몇 분 / 몇 시 몇 분 몇 초

하는 어떤 순간

+, −는 같은 단위끼리만 할 수 있어!
단위가 다르면 단위를 같게 하고
그 다음에 +나 −를 할 수 있다구!

시간의 합과 차

1. 같은 단위 끼리끼리

시간은 시간끼리
분은 분끼리
초는 초끼리

2. 덧셈, 뺄셈을 합니다.

 **개념 쏙쏙 … 같은 단위끼리 계산**

1단계 각 단위에 맞춰 세로로 쓰기

2단계 시는 시끼리, 분은 분끼리, 초는 초끼리 계산

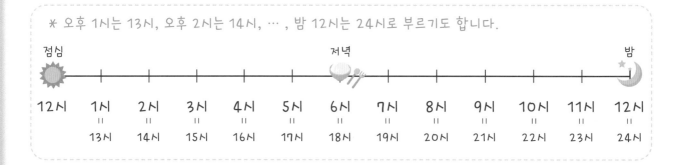

	31 분	12 초
+	14 분	8 초
	45 분	20 초

	3 시	10 분	31 초
−	1 시간	4 분	24 초
	2 시	6 분	7 초

＊ 오후 1시는 13시, 오후 2시는 14시, … , 밤 12시는 24시로 부르기도 합니다.

점심 / 저녁 / 밤

12시	1시	2시	3시	4시	5시	6시	7시	8시	9시	10시	11시	12시
	13시	14시	15시	16시	17시	18시	19시	20시	21시	22시	23시	24시

5-17

개념 익히기

정답 29쪽

✏️ 계산해 보세요.

1

	3분	20초
+	1분	15초
	4 분	35 초

2

	10분	25초
+	5분	15초
	분	초

3

	25분	45초
−	7분	28초
	분	초

개념 다지기

✏️ 시계를 알맞게 그리고, 시각을 구하세요.

'후'는 시간을 더하기!
'전'은 시간을 빼기!

1

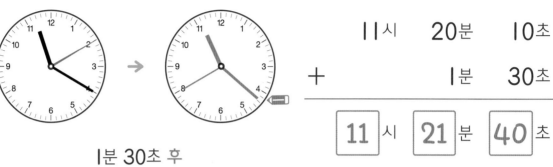

1분 30초 후

	11시	20분	10초
+		1분	30초
	11 시	21 분	40 초

2

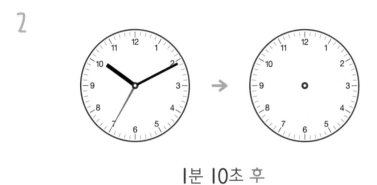

1분 10초 후

	10시	10분	35초
+		1분	10초
	시	분	초

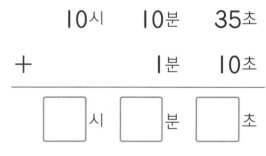

3

1분 5초 전

	3시	50분	25초
−		1분	5초
	시	분	초

4

2시간 5분 15초 전

	8시	35분	20초
−	2시간	5분	15초
	시	분	초

 **60을 받아올림, 받아내림**

☆ 시간의 합에서 받아올림

☆ 시간의 차에서 받아내림

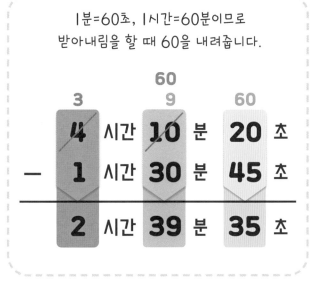

개념 익히기

정답 29쪽

✏️ 빈칸을 알맞게 채우세요.

1

2시간	25분	32초
+ 1시간	13분	40초

| 3 시간 | 38 분 | 72 초 |

60초

| 시간 | 분 | 초 |

2

☐	☐	
3시간	7분	55초
− 1시간	43분	28초

| ☐ 시간 | ☐ 분 | ☐ 초 |

✏️ 시계를 알맞게 그리고, 빈칸을 채우세요.

'후'는
시간이 지나간 거니까 더하기!

1

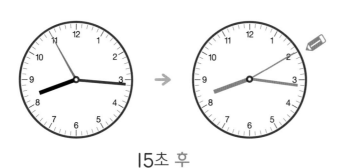

15초 후

8시 15분 55초에서

15초가 지난 시각은

$\boxed{8}$ 시 $\boxed{16}$ 분 $\boxed{10}$ 초

입니다.

2

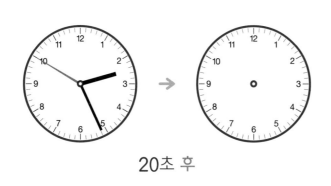

20초 후

2시 25분 50초에서

20초가 지난 시각은

$\boxed{}$ 시 $\boxed{}$ 분 $\boxed{}$ 초

입니다.

3

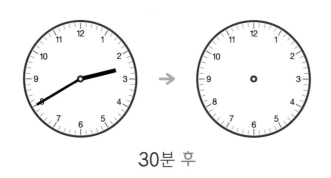

30분 후

2시 40분에서

30분이 지난 시각은

$\boxed{}$ 시 $\boxed{}$ 분입니다.

4

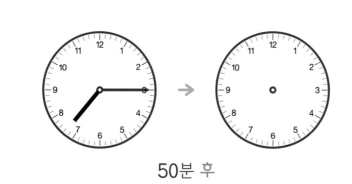

50분 후

7시 15분에서

50분이 지난 시각은

$\boxed{}$ 시 $\boxed{}$ 분입니다.

'전'은
시간을 되돌리는 거니까 빼기!

5

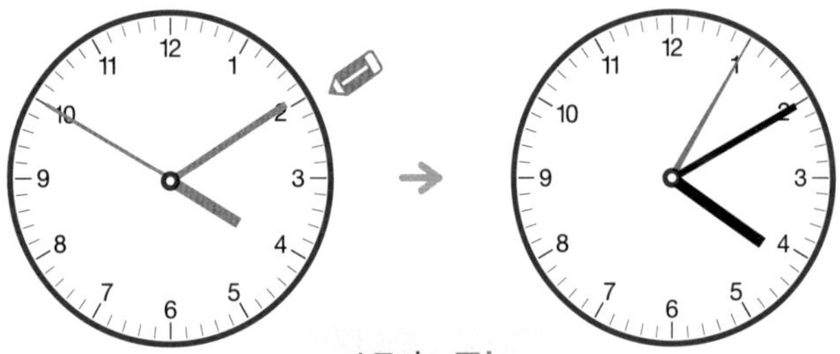

15초 전

4시 10분 5초에서

15초 전의 시각은

| 4 |시| 9 |분| 50 |초

입니다.

6

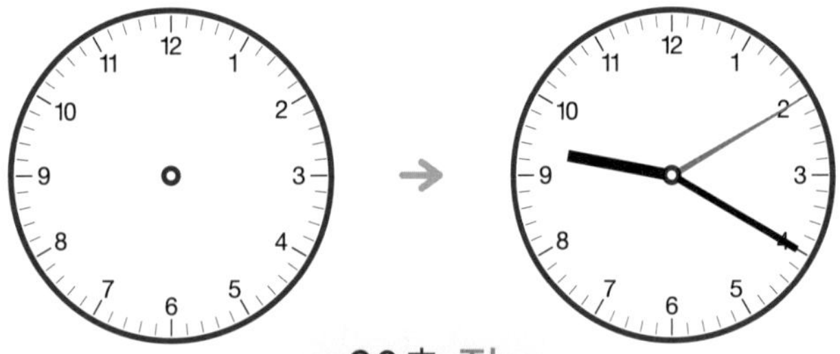

20초 전

9시 20분 10초에서

20초 전의 시각은

| |시| |분| |초

입니다.

7

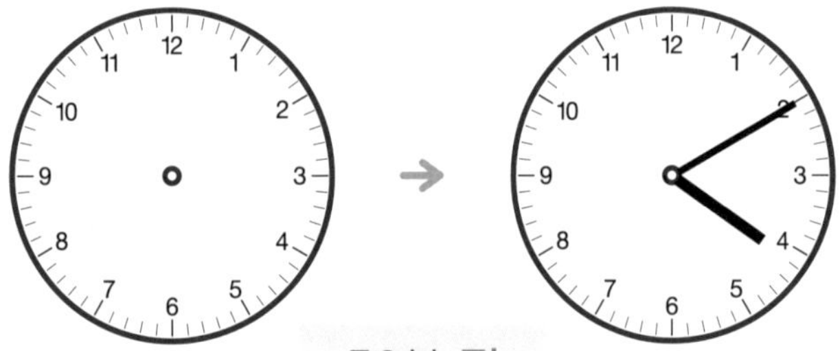

50분 전

4시 10분에서

50분 전의 시각은

| |시| |분입니다.

8

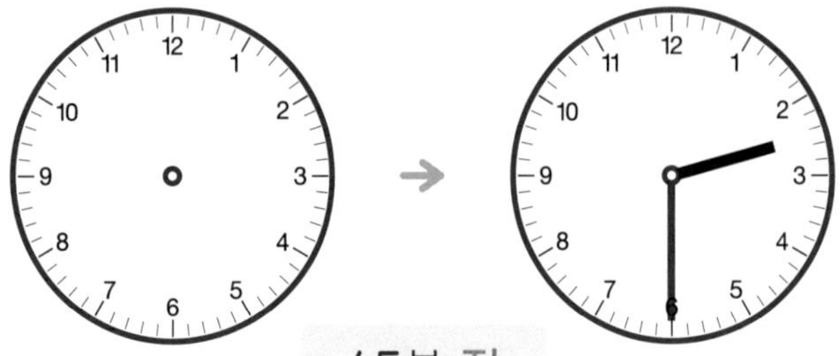

45분 전

2시 30분에서

45분 전의 시각은

| |시| |분입니다.

개념 펼치기

정답 30쪽

✏️ 식을 세우고 답을 구하세요.

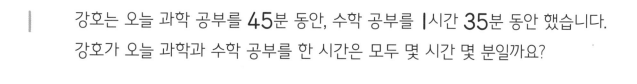

1시간은 60분,
1분은 60초!

1 강호는 오늘 과학 공부를 **45**분 동안, 수학 공부를 **1**시간 **35**분 동안 했습니다.
강호가 오늘 과학과 수학 공부를 한 시간은 모두 몇 시간 몇 분일까요?

→ 식: 45분+1시간 35분=2시간 20분   → 답: 2시간 20분

2 **1**시 **50**분에 시작한 마라톤 대회에서 우승자는 **2**시간 **25**분 **10**초 만에 완주하였습니다. 우승자가 결승점에 들어온 시각은 몇 시 몇 분 몇 초일까요?

→ 식: → 답:

3 소미와 지현이가 오래 매달리기를 했습니다. 소미는 **1**분 **35**초 동안, 지현이는 **2**분 **2**초 동안 했을 때, 지현이는 소미보다 몇 초 더 오래 매달렸을까요?

→ 식: → 답:

4 서진이는 부모님과 함께 영화관에 가서 **2**시 **45**분에 시작하는 영화를 보았습니다.
영화 상영 시간이 **1**시간 **25**분일 때, 영화가 끝난 시각은 몇 시 몇 분일까요?

→ 식: → 답:

개념 마무리

1 USB 메모리 카드 길이를 쟀습니다. 빈칸을 알맞게 채우세요.

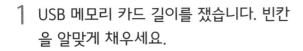
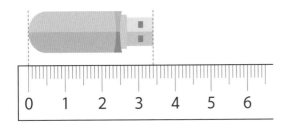

$\boxed{}$ mm

2 광안대교의 길이를 몇 km 몇 m로 쓰고, 바르게 읽어 보세요.

> 광안대교는 **7** km보다 **420** m 더 길다.

쓰기 ▶ $\boxed{}$ km $\boxed{}$ m

읽기 ▶ _____

3 시각을 읽어 보세요.

▶ _____

4 빈칸을 알맞게 채우세요.

100초 = $\boxed{}$ 분 $\boxed{}$ 초

5 단위를 잘못 말한 사람의 이름을 쓰세요.

경수: 양치질하는 데 약 3분 걸렸어.

슬기: 영화 한 편 보는 데 약 1시간 30분 걸렸어.

정우: 축구장 두 바퀴를 도는 데 11초 걸렸어.

▶ _____

6 시간을 비교하여 ○ 안에 >, =, <를 알맞게 쓰세요.

257초 $\bigcirc$ 4분 12초

7 길이의 단위가 옳은 것에 ○표, 틀린 것에 ×표 하세요.

- 연필심의 길이는 약 **5** mm입니다. ┄┄┄ ☐

- 열차의 길이는 약 **14** mm입니다. ┄┄┄ ☐

- 발의 길이는 약 **20** ㎝ **5** mm입니다. ┄┄ ☐

8 빈칸을 알맞게 채우세요.

> |시간 25분 32초 후

3시 32분 27초 → ☐

9 학교에서 약 | km 떨어진 곳에 있는 장소를 모두 찾아 쓰세요.

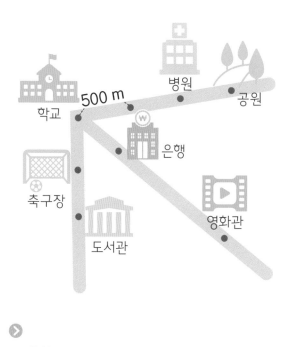

_____

10 빈칸을 알맞게 채우세요.

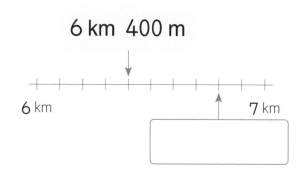

11 길이를 비교하여 ○ 안에 >, =, <를 알맞게 쓰세요.

2508 m ◯ 2 km 58 m

12 보기 에서 어울리는 단위를 골라 빈칸을 알맞게 채우세요.

> **보기**
>
> mm   cm   m   km

- 버스의 높이 ┄┄┄┄┄ 약 320 ☐

- 모기의 길이 ┄┄┄┄┄┄ 약 5 ☐

- 집에서 도서관까지의 거리 ┄┄┄ 약 2 ☐

13 1 km보다 더 긴 것을 모두 찾아 기호를 쓰세요.

> ㉠ 30초 동안 달릴 수 있는 거리
> ㉡ 한라산의 높이
> ㉢ 농구 골대의 높이
> ㉣ 서울에서 부산까지의 거리

> ⊙ _____

14 관계있는 것끼리 선으로 이으세요.

38 mm •   • 3 km 800 m

380 cm •   • 3 cm 8 mm

3800 m •   • 3 m 80 cm

15 계산해 보세요.

	5시	59분	4초
−	2시간	53분	13초

16 영화가 시작한 시각과 끝난 시각을 보고, 영화 상영 시간이 몇 시간 몇 분 몇 초였는지 구하세요.

영화가
시작한 시각

영화가
끝난 시각

> ⊙ _____

17 주현이는 음악 축제에 참가하였습니다. 1시간 10분 안에 3가지 활동을 하려면 어떤 활동들을 해야 할까요?

밴드 공연 감상
40분

기타 연주 체험
30분

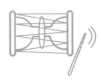

음악가와의 만남
15분

전통음악 박물관 관람
23분

> ⊙ _____

정답 31쪽

18 인아와 재훈이 중에 누가 얼마나 더 오래 달렸는지 구하세요.

	달리기 시작 시각	달리기 끝난 시각
인아	1시 19분 52초	1시 36분 45초
재훈	2시 52분 20초	3시 13분 35초

▸ [   ](이)가 [   ]분 [   ]초

더 오래 달렸습니다.

19 성일이는 2시 35분에서 5분 21초 후의 시각을 다음과 같이 계산했습니다. 잘못된 이유를 쓰고, 바르게 계산한 시각을 구하세요.

$$2시 \quad 35분$$
$$+ \quad 5분 \quad 21초$$
$$\overline{7시 \qquad 56초}$$

이유 ▸ _____

_____

답 : [   ]

20 승완이는 할머니 댁에 꽃을 사서 가려고 합니다. 어떤 꽃 가게가 있는 길로 가는 것이 얼마나 더 짧은지 풀이 과정과 답을 쓰세요.

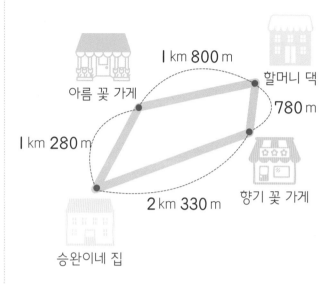

아름 꽃 가게
1 km 800 m
할머니 댁
780 m
1 km 280 m
향기 꽃 가게
2 km 330 m
승완이네 집

풀이 ▸ _____

_____

_____

_____

_____

답 : [   ]를 지나는 길이

[   ] 더 짧습니다.

상상력 키우기

1 세상의 모든 길이를 m로만 표시한다면 어떤 일이 벌어질까요?

2 '시각'과 '시간'을 넣어 재미있는 문장을 만들어 보세요.

6. 분수와 소수

이 단원에서 배울 내용

분수의 의미와 크기 비교, 소수의 의미와 크기 비교

⭐ 똑같이 나눈 것 (= 같은 크기로 나누는 것)

 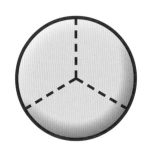 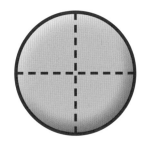

⭐ 똑같이 나누어지지 않은 것

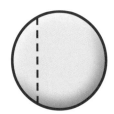 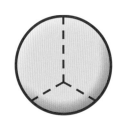 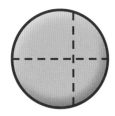

6-01

개념 익히기

정답 32쪽

 똑같이 나눈 것에 ○표 하세요.

1	2	3
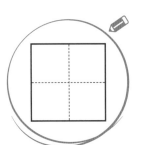		

개념 다지기

정답 32쪽

✏️ 똑같이 나눈 것은 조각의 수를 쓰고, 아닌 것은 ×표 하세요.

> 똑같이 나눈 것만 분수로 쓸 수 있어.
> 그러니까 똑같이 나눈 것을 잘 찾아야겠지!

1 ←  →

2

3

4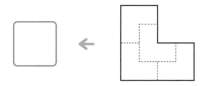

5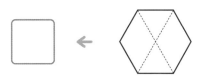

6

7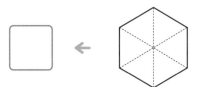

피자 0판

피자 1판

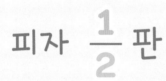

피자 $\frac{1}{2}$판

이렇게 생긴 수가
분수입니다.

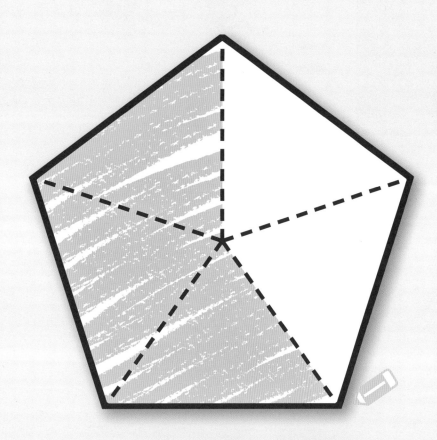

3조각에 색칠!
(전체가 5조각일 때)

색칠한 부분 : $\dfrac{3}{5}$

개념 쏙쏙 ⋯ $\dfrac{\triangle}{\square}$: 전체 $\square$개 중에서 $\triangle$개

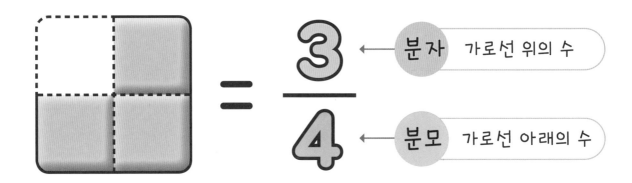

= $\dfrac{3}{4}$

분자 ← 가로선 위의 수

분모 ← 가로선 아래의 수

☆ 1 뜻	전체를 똑같이 4로 나눈 것 중의 3
☆ 2 읽기	4분의 3

6-04

개념 익히기

정답 32쪽

✏ 색칠한 부분을 분수로 쓰고 바르게 읽어 보세요.

1   쓰기 → $\dfrac{2}{5}$ 읽기 → 5분의 2

2   쓰기 → [   ] 읽기 →

3   쓰기 → [   ] 읽기 →

✏️ 분수로 쓰고 그림을 알맞게 색칠하세요.

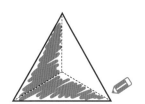

(분자) ◄------ 부분 조각 수
(분모) ◄------ 전체 조각 수

1 분모가 **3**,
분자가 **2**인 분수 → $\frac{2}{3}$

2 분모가 **5**,
분자가 **3**인 분수 →

3 분자가 **4**,
분모가 **8**인 분수 →

4 분모가 **6**,
분자가 **5**인 분수 →

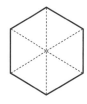

5 분자가 **2**,
분모가 **9**인 분수 →

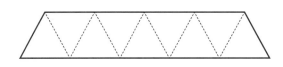

6 분모가 **7**,
분자가 **3**인 분수 →

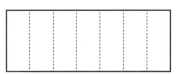

개념 다지기

✏️ 관계있는 것끼리 선으로 이으세요.

$\dfrac{(분자)}{(분모)}$ 분모부터 읽는 거야~

1	3분의 2	·		

$\dfrac{3}{4}$

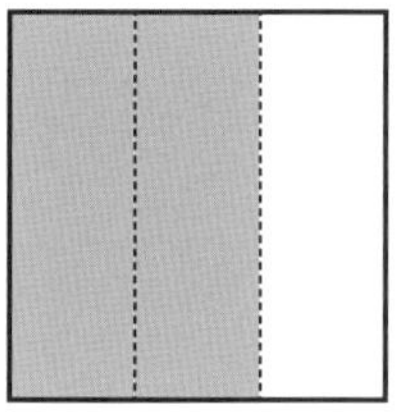

$\dfrac{2}{3}$

$\dfrac{5}{6}$

$\dfrac{2}{8}$

$\dfrac{1}{2}$

$\dfrac{4}{5}$

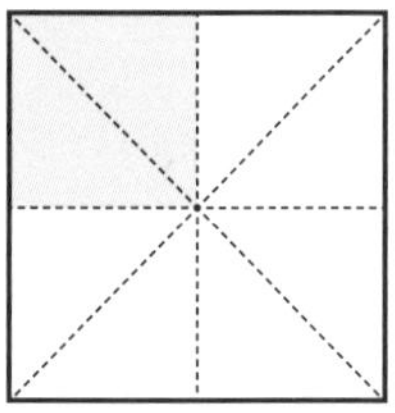

$\dfrac{5}{7}$

2 4분의 3

3 2분의 1

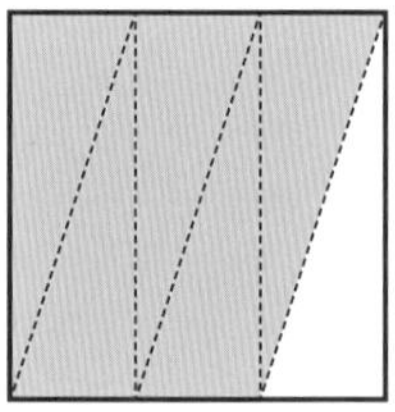

4 6분의 5

5 8분의 2

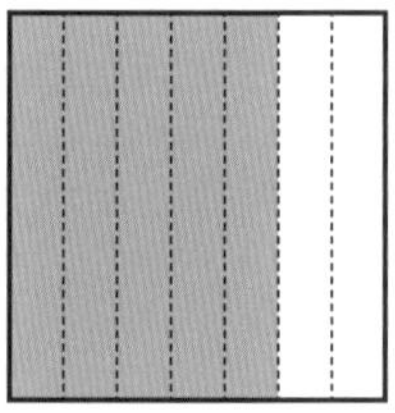

6 7분의 5

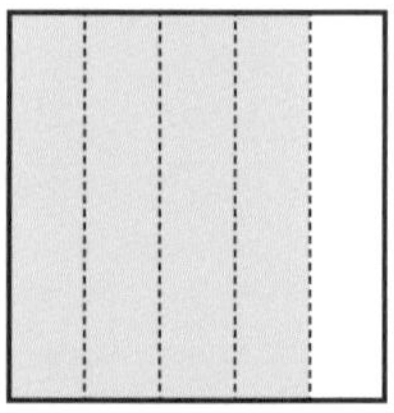

7 5분의 4

✏️ 빈칸을 알맞게 채우세요.

(부분 조각 수)
————————
(전체 조각 수)

1 $\dfrac{4}{7}$ 는 전체를 똑같이 $\boxed{7}$ 로 나눈 것 중의 $\boxed{4}$ 입니다.

2 $\dfrac{3}{10}$ 은 전체를 똑같이 $\boxed{}$ 으로 나눈 것 중의 $\boxed{}$ 입니다.

3 $\boxed{}$ 는 전체를 똑같이 **8**로 나눈 것 중의 **5**입니다.

4 $\dfrac{4}{9}$ 는 전체를 똑같이 $\boxed{}$ 로 나눈 것 중의 $\boxed{}$ 입니다.

5 $\boxed{}$ 은 전체를 똑같이 **12**로 나눈 것 중의 **11**입니다.

6 $\dfrac{2}{3}$ 는 전체를 똑같이 $\boxed{}$ 으로 나눈 것 중의 $\boxed{}$ 입니다.

7 $\boxed{}$ 은 전체를 똑같이 **6**으로 나눈 것 중의 **1**입니다.

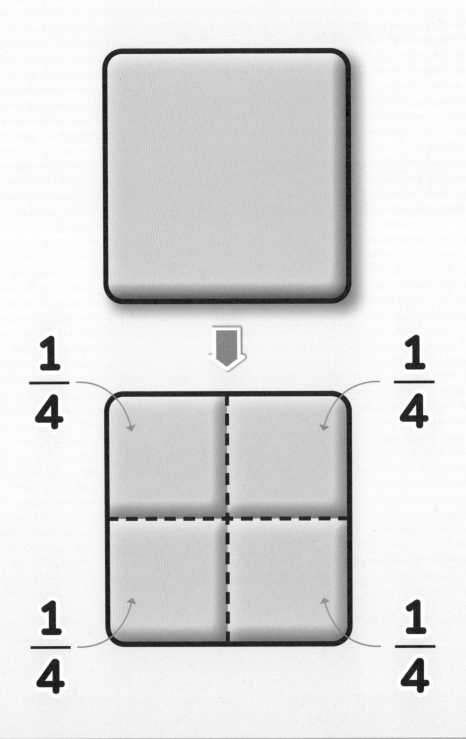

전체를 4로 똑같이 나누면 $\dfrac{1}{4}$ 이 4개이고,

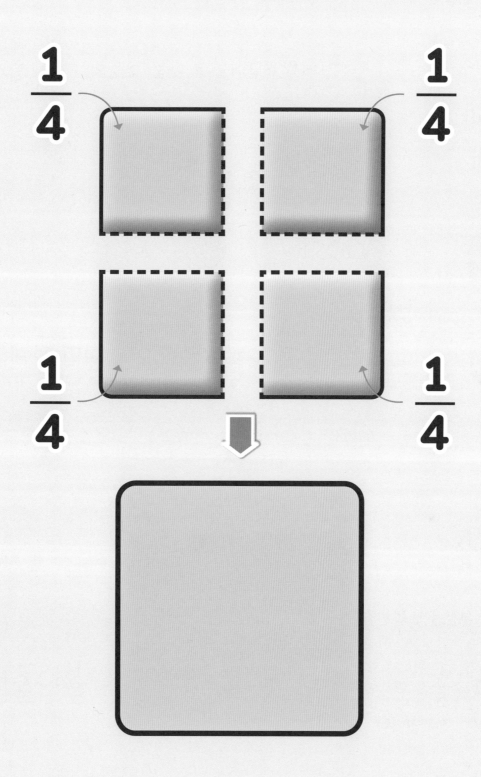

$\dfrac{1}{4}$ 이 4개이면 **전체**가 **됩니다.**

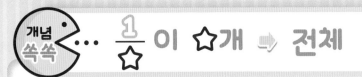
부분과 전체

$\frac{1}{4}$: 전체를 똑같이 4로 나눈 것 중의 1개

$\frac{1}{4}$ 이 4개이면 전체입니다.

$\frac{2}{4}$ 는 $\frac{1}{4}$ 이 2개로, $\frac{2}{4}$ 가 2개이면 전체입니다.

개념 익히기

6-09

정답 33쪽

✏️ 색칠한 부분을 보고 빈칸을 알맞게 채우세요.

1 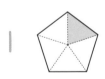 $\frac{1}{5}$ 은 전체를 $\boxed{5}$ 로 똑같이 나눈 것 중의 $\boxed{1}$ 로, $\frac{1}{5}$ 이 $\boxed{5}$ 개이면 전체입니다.

2 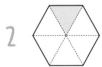 $\frac{1}{6}$ 은 전체를 $\boxed{}$ 으로 똑같이 나눈 것 중의 $\boxed{}$ 로, $\frac{1}{6}$ 이 $\boxed{}$ 개이면 전체입니다.

3 $\frac{1}{8}$ 은 전체를 $\boxed{}$ 로 똑같이 나눈 것 중의 $\boxed{}$ 로, $\frac{1}{8}$ 이 $\boxed{}$ 개이면 전체입니다.

개념 다지기

✏️ 그림을 보고 빈칸을 알맞게 채우세요.

색칠한 부분과 색칠하지 않은 부분을
합치면 전체네~

1 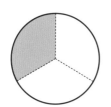 색칠한 부분: $\dfrac{1}{3}$ 색칠하지 않은 부분: $\dfrac{2}{3}$

2 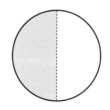 색칠한 부분: [ ] 색칠하지 않은 부분: [ ]

3 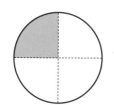 색칠한 부분: [ ] 색칠하지 않은 부분: [ ]

4 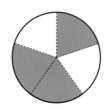 색칠한 부분: [ ] 색칠하지 않은 부분: [ ]

5 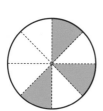 색칠한 부분: [ ] 색칠하지 않은 부분: [ ]

6 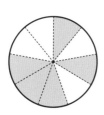 색칠한 부분: [ ] 색칠하지 않은 부분: [ ]

7 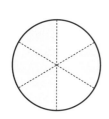 색칠한 부분: [ ] 색칠하지 않은 부분: [ ]

개념 다지기

정답 34쪽

✏️ 그림을 보고 빈칸을 알맞게 채우세요.

$\frac{\Box}{\Box}$는 $\frac{1}{\Box}$이 △개야~

1 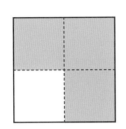 → $\frac{3}{4}$은 $\frac{1}{4}$이 $\boxed{3}$ 개입니다.

2 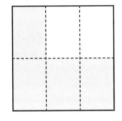 → $\frac{4}{6}$는 $\frac{1}{6}$이 $\boxed{}$ 개입니다.

3 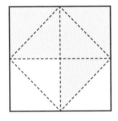 → $\frac{5}{8}$는 $\frac{1}{8}$이 $\boxed{}$ 개입니다.

4 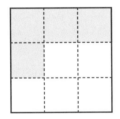 → $\boxed{}$는 $\frac{1}{9}$이 4개입니다.

5 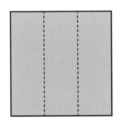 → 전체는 $\frac{1}{3}$이 $\boxed{}$ 개입니다.

6 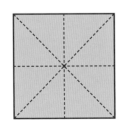 → 전체는 $\frac{1}{8}$이 $\boxed{}$ 개입니다.

개념 다지기

정답 34쪽

✏️ 설명하는 만큼 그림에 색칠하세요.

$\dfrac{1}{\square}$ 을 먼저 그림에 색칠하고,

그런 것이 몇 개인지를 보면 되겠지!

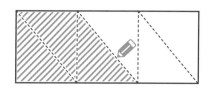

1 $\dfrac{1}{6}$ 이 **3**개 →

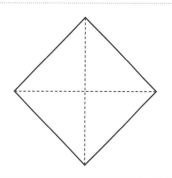

2 $\dfrac{1}{4}$ 이 **2**개 →

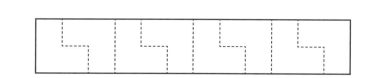

3 $\dfrac{1}{8}$ 이 **3**개 →

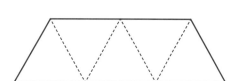

4 $\dfrac{1}{5}$ 이 **2**개 →

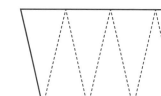

5 $\dfrac{1}{7}$ 이 **7**개 →

개념 펼치기

✏️ <부분>을 보고 <전체>가 될 수 있는 도형을 찾아 ○표 하세요.

$\frac{1}{☆}$이 ☆개 있으면
전체가 되는 거야!

<부분>   <전체>

1   →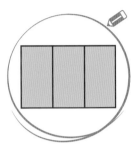

2   →

3   →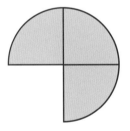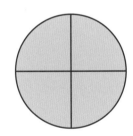

4   →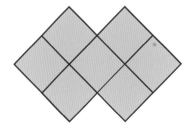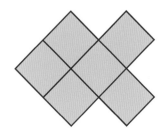

개념 펼치기

정답 34쪽

✏️ 빈칸에 알맞은 수를 쓰고, 전체가 어떤 모양일지 그리세요.

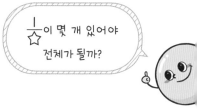

$\frac{1}{☆}$이 몇 개 있어야 전체가 될까?

1 전체의 $\frac{1}{3}$이 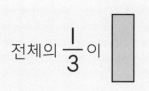 → $\frac{1}{3}$이 ☐ 개이면 전체입니다.

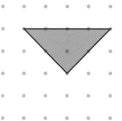

2 전체의 $\frac{1}{4}$이 → $\frac{1}{4}$이 ☐ 개이면 전체입니다.

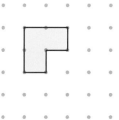

3 전체의 $\frac{1}{2}$이 → $\frac{1}{2}$이 ☐ 개이면 전체입니다.

4 전체의 $\frac{1}{6}$이 → $\frac{1}{6}$이 ☐ 개이면 전체입니다.

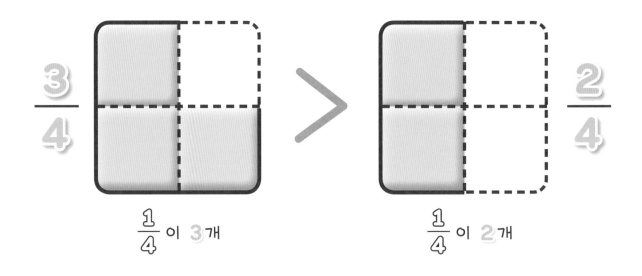

$\frac{1}{4}$ 이 **3**개 $\frac{1}{4}$ 이 **2**개

분모가 같으면 분자가 큰 쪽이 더 큰 분수**입니다.**

6-15

정답 35쪽

 **익히기**

✏️ 분수만큼 색칠하고 ○ 안에 >, <를 알맞게 쓰세요.

1    $\dfrac{2}{10}$ $<$ $\dfrac{5}{10}$

2    $\dfrac{5}{6}$ ○ $\dfrac{1}{6}$

3    $\dfrac{2}{8}$ ○ $\dfrac{6}{8}$

✏️ ◯ 안에 >, <를 알맞게 쓰세요.

분모가 같으니까
분자가 큰 쪽이 더 커~

1 $\dfrac{4}{10}$ ⟩ $\dfrac{2}{10}$

2 $\dfrac{5}{8}$ ◯ $\dfrac{7}{8}$

3 $\dfrac{1}{5}$ ◯ $\dfrac{4}{5}$

4 $\dfrac{3}{6}$ ◯ $\dfrac{1}{6}$

5 $\dfrac{7}{8}$ ◯ $\dfrac{6}{8}$

6 $\dfrac{3}{12}$ ◯ $\dfrac{4}{12}$

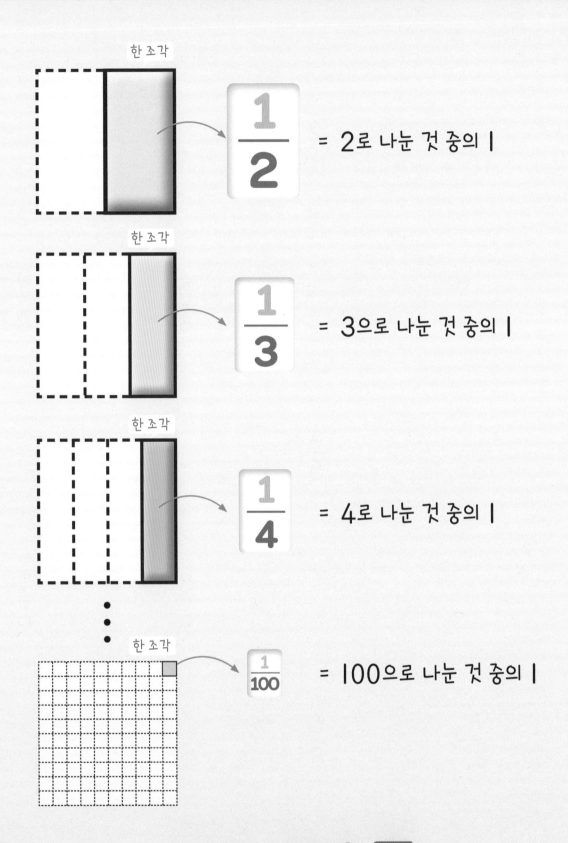

한 조각

$$\frac{1}{2}$$ = 2로 나눈 것 중의 1

한 조각

$$\frac{1}{3}$$ = 3으로 나눈 것 중의 1

한 조각

$$\frac{1}{4}$$ = 4로 나눈 것 중의 1

한 조각

$$\frac{1}{100}$$ = 100으로 나눈 것 중의 1

분모가 커질수록
한 조각의 크기는 **작아**져요.

단위분수

$\dfrac{1}{2}$, $\dfrac{1}{3}$, $\dfrac{1}{4}$, $\cdots$ 과 같이 분자가 **1**인 분수

$$\dfrac{1}{2} > \dfrac{1}{3} > \dfrac{1}{4} > \cdots > \dfrac{1}{100}$$

단위분수 는 분모가 작을수록 더 큰 수

$$\frac{1}{★} > \frac{1}{★}$$

☆ 단위분수: $\frac{1}{2}$, $\frac{1}{3}$, $\frac{1}{4}$, $\frac{1}{5}$, … 과 같이 분자가 **1**인 분수

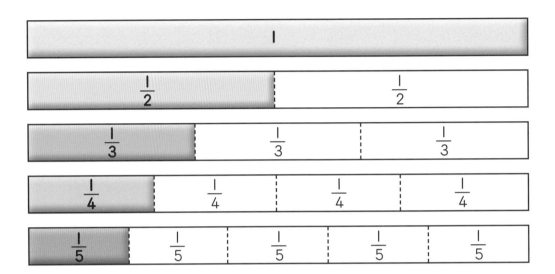

$$\frac{1}{2} > \frac{1}{3} > \frac{1}{4} > \cdots > \frac{1}{100} > \cdots$$

6-18

개념 익히기

정답 35쪽

✏️ 분수만큼 색칠하고 ○ 안에 >, <를 알맞게 쓰세요.

1

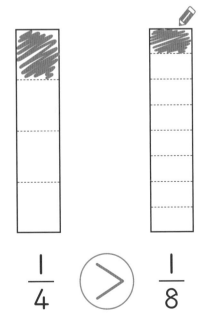

$$\frac{1}{4} \bigodot{>} \frac{1}{8}$$

2

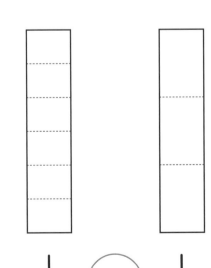

$$\frac{1}{6} \bigcirc \frac{1}{3}$$

개념 다지기

정답 35쪽

○ 안에 >, <를 알맞게 쓰세요.

단위분수는 청개구리야!
분모가 작을수록 더 큰 분수야~

1 $\dfrac{1}{4}$ $<$ $\dfrac{1}{2}$

2 $\dfrac{1}{6}$ ◯ $\dfrac{1}{8}$

3 $\dfrac{1}{9}$ ◯ $\dfrac{1}{4}$

4 $\dfrac{1}{5}$ ◯ $\dfrac{1}{7}$

5 $\dfrac{1}{20}$ ◯ $\dfrac{1}{10}$

6 $\dfrac{1}{3}$ ◯ $\dfrac{1}{9}$

⑥ 소수 (1)

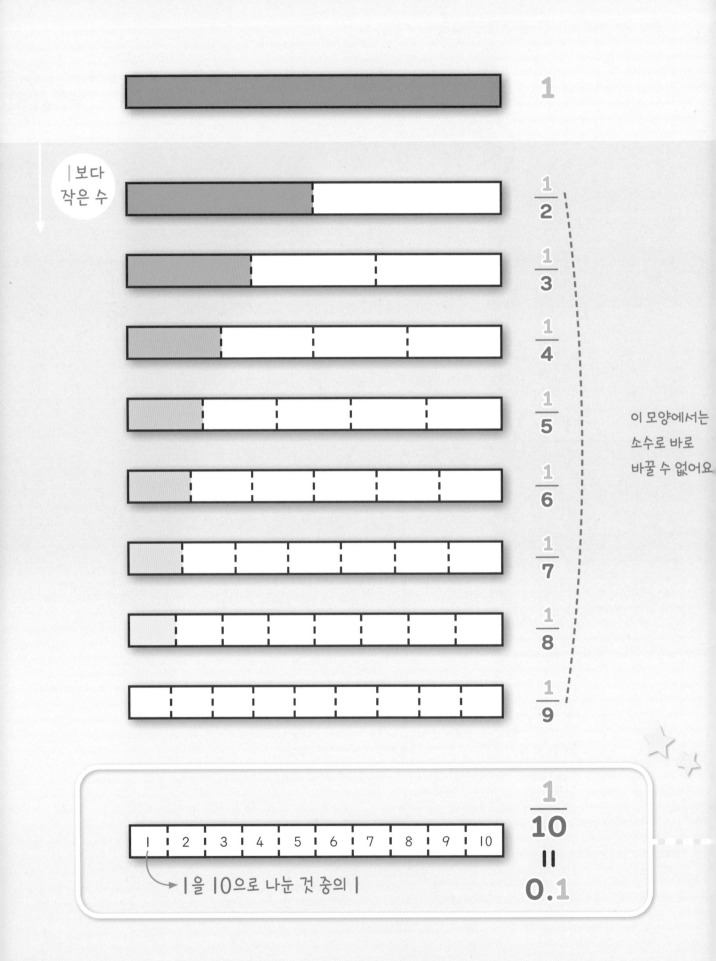

1

|보다
작은 수

$\dfrac{1}{2}$

$\dfrac{1}{3}$

$\dfrac{1}{4}$

$\dfrac{1}{5}$

$\dfrac{1}{6}$

$\dfrac{1}{7}$

$\dfrac{1}{8}$

$\dfrac{1}{9}$

이 모양에서는
소수로 바로
바꿀 수 없어요

| 1 | 2 | 3 | 4 | 5 | 6 | 7 | 8 | 9 | 10 |

→ 1을 10으로 나눈 것 중의 1

$\dfrac{1}{10}$
=
0.1

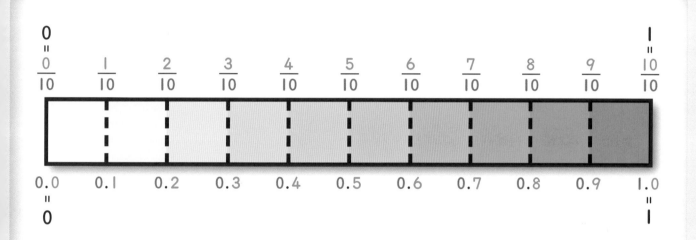

개념 쏙쏙 ··· $\frac{1}{10}$ = 0.1

1 소수: 0.1 (읽기 : 영 점 일), 0.2 (읽기 : 영 점 이), 0.3 (읽기 : 영 점 삼) ···과 같은 수

└ 소수점이라고 불러요!

2 분수와 소수의 관계

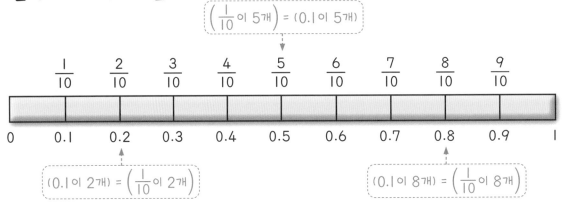

3 cm와 mm

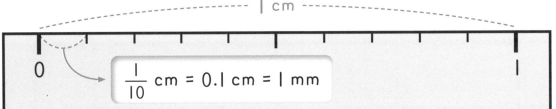

$\frac{1}{10}$ cm = 0.1 cm = 1 mm

6-21

개념 익히기

정답 36쪽

✏️ 색칠한 부분을 분수와 소수로 나타내세요.

1  분수: $\frac{6}{10}$ 소수: 0.6

2  분수: ☐ 소수: ☐

3   분수: ☐ 소수: ☐

개념 다지기

✏️ 분수는 소수로 쓰고, 소수는 분수로 쓰세요.

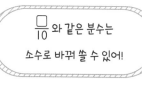

$\frac{\square}{10}$ 와 같은 분수는
소수로 바꿔 쓸 수 있어!

1    $\frac{6}{10}$ = $\boxed{0.6}$

2   0.3 = $\boxed{}$

3    $\frac{2}{10}$ = $\boxed{}$

4   0.5 = $\boxed{}$

5    $\frac{8}{10}$ = $\boxed{}$

6   0.7 = $\boxed{}$

7    $\frac{9}{10}$ = $\boxed{}$

정답 36쪽

 그림을 보고 빈칸을 알맞게 채우세요.

$0.1 = \dfrac{1}{10}$
알고 있지?

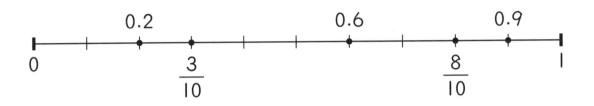

1 0.2는 0.1이 ☐2☐ 개입니다.

2 0.6은 0.1이 ☐ 개입니다.

3 $\dfrac{3}{10}$ 은 $\dfrac{1}{10}$ 이 ☐ 개입니다.

4 0.9는 ☐ 이 9개입니다.

5 $\dfrac{8}{10}$ 은 ☐ 이 8개입니다.

개념 펼치기

정답 36쪽

✏️ 그림을 보고 빈칸에 알맞은 기호를 쓰세요.

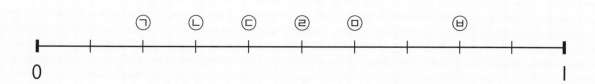

같은 크기를 분수로도 나타낼 수 있고
소수로도 나타낼 수 있어~

1

$\dfrac{8}{10}$ ☐ $\dfrac{2}{10}$ ㉠ $\dfrac{3}{10}$ ☐

$\dfrac{6}{10}$ ☐ $\dfrac{4}{10}$ ☐ $\dfrac{5}{10}$ ☐

2

10분의 3 ☐   10분의 6 ☐   10분의 2 ㉠

10분의 5 ☐   10분의 8 ☐   10분의 4 ☐

3

0.4 ☐   0.5 ☐   0.2 ㉠

0.6 ☐   0.3 ☐   0.8 ☐

4

영 점 이 ㉠   영 점 팔 ☐   영 점 사 ☐

영 점 삼 ☐   영 점 오 ☐   영 점 육 ☐

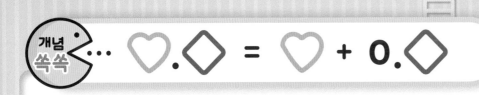

개념 쏙쏙 ··· ♡.◇ = ♡ + 0.◇

⭐ **2보다 0.4만큼 더 큰 수**

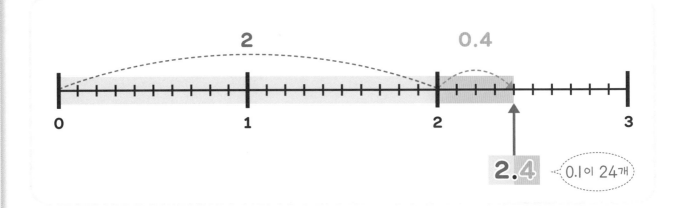

➡ 2보다 0.4만큼 더 큰 수를 2.4라 쓰고, 이 점 사라고 읽습니다.

➡ 2.4는 0.1이 24개이고, 0.1이 24개이면 2.4입니다.

6-25

개념 익히기

정답 37쪽

✏ 그림을 보고 색칠한 부분을 소수로 나타내세요.

1

→ 3.3

2

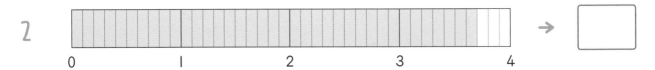

→

3

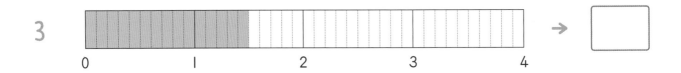

→

개념 다지기

🖊 빈칸을 알맞게 채우세요.

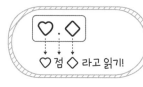

♡ . ◇
♡ 점 ◇ 라고 읽기!

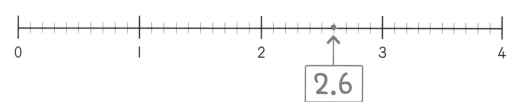

1

2.6

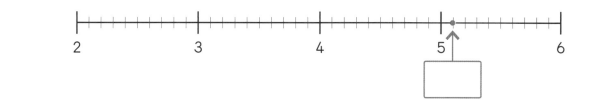

2

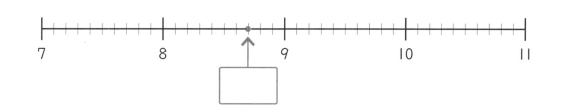

3

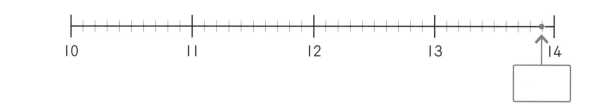

4

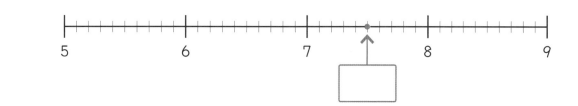

5

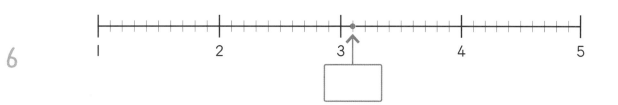

6

✏️ 빈칸을 알맞게 채우세요.

> 1 mm = 0.1 cm
> 알고 있지?

1   21 cm 8 mm = 21.8 cm

2   3 cm 4 mm = ☐ cm

3   28 mm = ☐ cm

4   12 cm 6 mm = ☐ cm

5   14 mm = ☐ cm

6   2 cm 5 mm = ☐ cm

7   72 mm = ☐ cm

6-27

0.I이 I0개이면 I이야!

8   3.2는 0.I이 $\boxed{32}$ 개입니다.

9   7.I은 0.I이 $\boxed{}$ 개입니다.

10 0.I이 I7개이면 $\boxed{}$ 입니다.

11 $\boxed{}$ 는 0.I이 29개입니다.

12 0.I이 30개이면 $\boxed{}$ 입니다.

13 $\boxed{}$ 은 0.I이 53개입니다.

14 $\boxed{}$ 은 0.I이 70개입니다.

개념 쏙쏙 ··· 0.1이 많을수록 큰 수

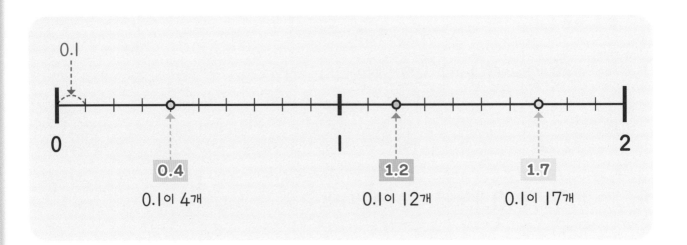

··· 초등수학 3학년 1학기

0.1

0

0.4
0.1이 4개

1

1.2
0.1이 12개

1.7
0.1이 17개

2

⭐ 따라서, **0.4** < **1.2** < **1.7** 입니다.

6-28

개념 익히기

정답 38쪽

✏️ 물음에 답하고 0.4와 0.5의 크기를 비교하세요.

1   0.4는 0.1이 **4** 개입니다.   0.5는 0.1이 **5** 개입니다.

2   0.4와 0.5를 각각 종이띠에 색칠하세요.

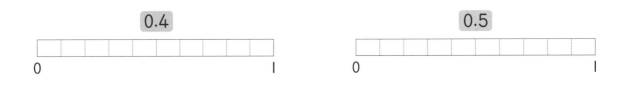

0.4   0.5

0   1   0   1

3   0.4   0.5

정답 38쪽

6-29

○ 안에 >, <를 알맞게 쓰세요.

0.1이 몇 개인지
생각하면서 비교해 봐~

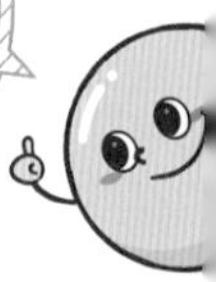

1 1.4 (>) 0.9

2 0.1 ( ) 1.1

3 3.7 ( ) 2.4

4 2.3 ( ) 2.5

5 7.4 ( ) 3.9

6 2 ( ) 1.9

7 2.9 ( ) 3

1 똑같이 나눈 것에 ○표 하세요.

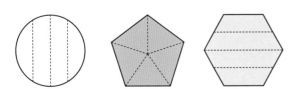

2 분수만큼 색칠하세요.

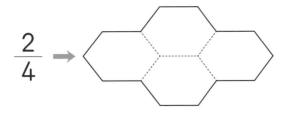

$\dfrac{2}{4}$ →

3 빈칸을 알맞게 채우세요.

$\dfrac{1}{6}$ 이 **5**개인 수는 □ 입니다.

4 색칠한 부분을 분수와 소수로 쓰고 읽어 보세요.

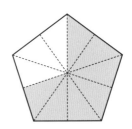

	분수	소수
쓰기		
읽기		

5 그림을 보고 빈칸을 알맞게 채우세요.

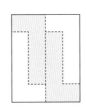

부분 █ 은 전체 ▢ 를 똑같이

□ (으)로 나눈 것 중의

□ 이므로 □ 입니다.

6 더 큰 수의 기호를 쓰세요.

> $\dfrac{1}{10}$이 6개인 수

> ㉡ 0.1이 4개인 수

⊘ _____

8 부분의 모양을 보고 전체 모양으로 알맞은 도형을 모두 찾아 기호를 쓰세요.

전체를 똑같이 5로 나눈 것 중의 1입니다.

⊘ _____

7 관계있는 것끼리 선으로 이으세요.

    ·   ·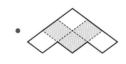

    ·   ·

    ·   ·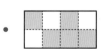

9 빈칸에 알맞은 소수를 쓰세요.

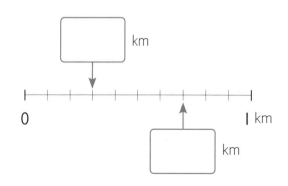

10 색칠한 부분과 색칠하지 않은 부분을 각각 분수로 쓰세요.

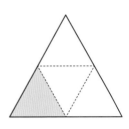

색칠한 부분:

색칠하지 않은 부분:

11 분수의 크기가 큰 것부터 차례대로 기호를 쓰세요.

ㄱ $\dfrac{5}{13}$ ㄴ $\dfrac{9}{13}$

ㄷ $\dfrac{12}{13}$ ㄹ $\dfrac{3}{13}$

_____

12 분수의 크기가 작은 것부터 차례대로 기호를 쓰세요.

ㄱ $\dfrac{1}{11}$ ㄴ $\dfrac{1}{9}$

ㄷ $\dfrac{1}{4}$ ㄹ $\dfrac{1}{8}$

_____

13 빈칸에 들어갈 수 있는 수를 모두 찾아 ○표 하세요.

| 1 2 3 4 5 6 7 8 9 |

$$\dfrac{7}{12} < \dfrac{\square}{12} < \dfrac{10}{12}$$

14 ○ 안에 >, =, <를 알맞게 쓰세요.

$$4.8 \bigcirc 4.5$$

15 수연, 명재, 채영이가 먹고 남긴 피자의 양만큼 색칠하고, 피자를 가장 많이 먹은 사람이 누구인지 쓰세요.

수연   명재   채영

나는 전체의 $\dfrac{1}{8}$ 만큼 남겼어.

나는 전체의 $\dfrac{1}{4}$ 만큼 남겼어.

나는 전체의 $\dfrac{1}{2}$ 만큼 남겼어.

_____

정답 39쪽

16 강민이는 음료수의 $\frac{1}{3}$만큼을 마셨습니다. 남은 양은 전체 음료수의 몇 분의 몇만큼일까요?

17 빈칸에 들어갈 수 있는 수를 모두 찾아 ○표 하세요.

| 1 | 2 | 3 | 4 | 5 | 6 | 7 | 8 | 9 |

$$5.4 > 5.\boxed{}$$

18 3장의 수 카드 중 2장을 골라 소수를 만듭니다. 가장 작은 소수를 쓰세요.

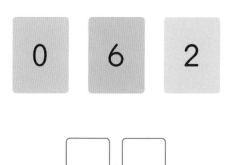

$$\boxed{}.\boxed{}$$

19 우주가 $\frac{1}{4}$만큼을 색칠한 그림입니다. 잘못된 이유를 설명하세요.

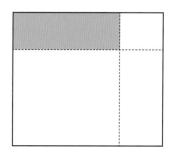

이유 ▶ _____

_____

_____

20 세일이는 사슴벌레와 매미를 관찰했습니다. 사슴벌레의 길이는 6 cm보다 8 mm 길고, 매미의 길이는 6.3 cm입니다. 어느 곤충의 길이가 더 긴지 풀이 과정과 답을 쓰세요.

풀이 ▶ _____

_____

_____

답: _____

상상력 키우기

1 $\frac{2}{3}$를 영어로는 어떻게 읽을까요? 한국어와 영어 중 어느 쪽이 분수를 읽고 쓰기에 더 편리한 것 같나요?

2 마트에서 소수가 적혀 있는 물건의 사진을 찍어 보세요. 어떤 사진을 찍었나요?

<정답 및 해설>을
스마트폰으로도
볼 수 있습니다.

3-1

새 교육과정 반영

그림으로 개념 잡는 초등수학

정답 및 해설

▶ 본문 각 페이지의 QR코드를 찍으면 더욱
자세한 풀이 과정이 담긴 영상을 보실 수 있습니다.

그림으로 개념 잡는 초등수학 3-1

정답 및 해설

1. 덧셈과 뺄셈

개념 쏙쏙... 같은 자리끼리 계산

1. 덧셈 (1)

14 **15**

★ 253 + 214 = ? (세로로 써서 계산하면 실수를 줄일 수 있어요.)

2 5 3
+ 2 1 4
➡
2 5 3
+ 2 1 4
4 6 7

① 자리를 맞추어 쓰고

② 같은 자리끼리 더합니다.

개념 익히기

정답 2쪽

✏ 계산해 보세요.

1
3 2 4
+ 2 6 5
5 8 9

2
7 4 3
+ 1 2 4
8 6 7

3
213 + 563 = 776

213
+563
776

개념 다지기

1-03
정답 2쪽

✏ 빈칸을 알맞게 채우세요.

중간에 빈칸이 있어도 결국은 더하기 문제야! 같은 자리, 끼리끼리 더해 봐!

1
1 2 3
+ 5 5 6
6 7 9

2
7 1 3
+ 1 5 4
8 6 7

3
2 2 8
+ 1 4 1
3 6 9

4
1 3 1
+ 7 1 6
8 4 7

5
5 3 4
+ 4 6 1
9 9 5

6
4 5 8
+ 3 2 1
7 7 9

7
2 3 0
+ 2 5 8
4 8 8

8
3 4 6
+ 2 4 1
5 8 7

개념 쏙쏙... 십의 자리로 받아올림

2. 덧셈 (2)

16 **17**

★ 137 + 224 = ? (세로로 써서 계산하면 실수를 줄일 수 있어요.)

1 3 7
+ 2 2 4

7+4= 11

1
1 3 7
+ 2 2 4
➡
1 3 7
+ 2 2 4
3 6 1

일 모형 10개가 십 모형 1개입니다.

받아올림하여 같은 자리끼리 계산합니다.

개념 익히기

1-04
정답 2쪽

✏ 계산해 보세요.

1
1
2 6 7
+ 3 2 8
5 9 5

2
3 1 8
+ 2 5 6
5 7 4

3
743 + 138 = 881

1
743
+138
881

개념 다지기

1-05
정답 2쪽

✏ 그림에 알맞은 덧셈식을 쓰고, 계산하세요.

1이 10개면 십의 자리로 받아올림!

1

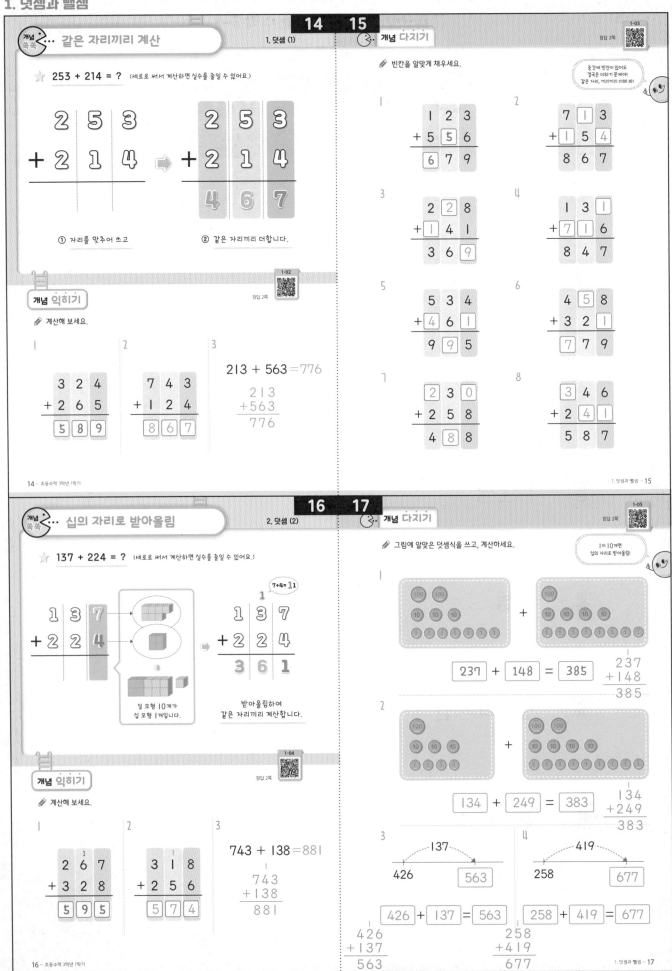

237 + 148 = 385

237
+148
385

2

134 + 249 = 383

134
+249
383

3
137
426 → 563

426 + 137 = 563

426
+137
563

4
419
258 → 677

258 + 419 = 677

258
+419
677

개념 쏙쏙 … 천이 넘는 덧셈

3. 덧셈 (3)

⭐ 엄청 큰 수의 덧셈이라도 계산하는 방법은 똑같습니다.

$$
\begin{array}{r}
1\ 1\ 1 \\
9\ 3\ 5 \\
+\ \ 2\ 8\ 7 \\
\hline
1\ 2\ 2\ 2
\end{array}
$$

<덧셈의 방법>

① 같은 자리끼리 세로로 맞추고 일의 자리부터 차례로 계산

② 이때, 받아올림이 생기면 받아올림하여 계산

③ 받아올림했는데 덧셈할 숫자가 없으면 그대로 내려서 쓰기

개념 익히기

정답 3쪽 1-07

✏️ 계산해 보세요.

1
$$
\begin{array}{r}
1\ 1 \\
5\ 7\ 4 \\
+\ \ 6\ 3\ 8 \\
\hline
1\ 2\ 1\ 2
\end{array}
$$

2
$$
\begin{array}{r}
1\ 1 \\
7\ 3\ 6 \\
+\ \ 5\ 9\ 8 \\
\hline
1\ 3\ 3\ 4
\end{array}
$$

3
$438 + 586 = 1024$
$$
\begin{array}{r}
1\ 1\ 1 \\
4\ 3\ 8 \\
+\ \ 5\ 8\ 6 \\
\hline
1\ 0\ 2\ 4
\end{array}
$$

20 … 초등수학 3학년 1학기

개념 다지기

정답 3쪽 1-08

✏️ 관계있는 것끼리 선으로 이으세요.

> 백의 자리에서 받아올림했는데 덧셈할 숫자가 없으면 그대로 내려 쓰!

627 + 498 — 1152
$$
\begin{array}{r}
1\ 1 \\
6\ 2\ 7 \\
+\ \ 4\ 9\ 8 \\
\hline
1\ 1\ 2\ 5
\end{array}
$$

346 + 857 — 1501
$$
\begin{array}{r}
1\ 1 \\
3\ 4\ 6 \\
+\ \ 8\ 5\ 7 \\
\hline
1\ 2\ 0\ 3
\end{array}
$$

574 + 578 — 1125
$$
\begin{array}{r}
1\ 1 \\
5\ 7\ 4 \\
+\ \ 5\ 7\ 8 \\
\hline
1\ 1\ 5\ 2
\end{array}
$$

734 + 476 — 1210
$$
\begin{array}{r}
1\ 1 \\
7\ 3\ 4 \\
+\ \ 4\ 7\ 6 \\
\hline
1\ 2\ 1\ 0
\end{array}
$$

622 + 879 — 1203
$$
\begin{array}{r}
1\ 1 \\
6\ 2\ 2 \\
+\ \ 8\ 7\ 9 \\
\hline
1\ 5\ 0\ 1
\end{array}
$$

1. 덧셈과 뺄셈 … 21

개념 다지기

정답 3쪽 1-09

✏️ 빈칸을 알맞게 채우세요.

> 그림을 잘 봐~ 두 수를 더한 수가 ☐ 가 되는 거야!

1 [615] 248 367
$$
\begin{array}{r}
1\ 1 \\
2\ 4\ 8 \\
+\ \ 3\ 6\ 7 \\
\hline
6\ 1\ 5
\end{array}
$$

2 [1030] 247 783
$$
\begin{array}{r}
1\ 1\ 1 \\
2\ 4\ 7 \\
+\ \ 7\ 8\ 3 \\
\hline
1\ 0\ 3\ 0
\end{array}
$$

3 [1113] 645 468
$$
\begin{array}{r}
1\ 1 \\
6\ 4\ 5 \\
+\ \ 4\ 6\ 8 \\
\hline
1\ 1\ 1\ 3
\end{array}
$$

4 [903] 574 329
$$
\begin{array}{r}
1\ 1 \\
5\ 7\ 4 \\
+\ \ 3\ 2\ 9 \\
\hline
9\ 0\ 3
\end{array}
$$

5 [723] 286 437
$$
\begin{array}{r}
1\ 1 \\
2\ 8\ 6 \\
+\ \ 4\ 3\ 7 \\
\hline
7\ 2\ 3
\end{array}
$$

22 … 초등수학 3학년 1학기

개념 펼치기

정답 3쪽 1-10

✏️ 그림을 보고 물음에 답하세요.

* 더하는 두 수의 순서를 바꿔서 계산해도 괜찮아요.

> ◯: 원, △: 삼각형, ☐: 사각형

708 (오각형) 286 (삼각형) 179 (사각형) 675 (원) 359 (오각형)
673 (육각형) 145 (사각형) 836 (원) 492 (삼각형) 546 (육각형)

1 파란색 도형 안에 적힌 수의 합을 구하세요.
→ 145+492
$$
\begin{array}{r}
1\ 1 \\
1\ 4\ 5 \\
+\ \ 4\ 9\ 2 \\
\hline
6\ 3\ 7
\end{array}
$$

2 노란색 도형 안에 적힌 수의 합을 구하세요.
→ 708+546
$$
\begin{array}{r}
1\ 1 \\
7\ 0\ 8 \\
+\ \ 5\ 4\ 6 \\
\hline
1\ 2\ 5\ 4
\end{array}
$$

3 초록색 도형 안에 적힌 수의 합을 구하세요.
→ 673+836
$$
\begin{array}{r}
1\ 1 \\
6\ 7\ 3 \\
+\ \ 8\ 3\ 6 \\
\hline
1\ 5\ 0\ 9
\end{array}
$$

4 삼각형 안에 적힌 수의 합을 구하세요.
→ 286+492
$$
\begin{array}{r}
1\ 1 \\
2\ 8\ 6 \\
+\ \ 4\ 9\ 2 \\
\hline
7\ 7\ 8
\end{array}
$$

5 사각형 안에 적힌 수의 합을 구하세요.
→ 179+145
$$
\begin{array}{r}
1\ 1 \\
1\ 7\ 9 \\
+\ \ 1\ 4\ 5 \\
\hline
3\ 2\ 4
\end{array}
$$

원 안에 적힌 수의 합을 구하세요.
→ 675+836
$$
\begin{array}{r}
1\ 1\ 1 \\
6\ 7\ 5 \\
+\ \ 8\ 3\ 6 \\
\hline
1\ 5\ 1\ 1
\end{array}
$$

1. 덧셈과 뺄셈 … 23

정답 및 해설 … 3

정답 및 해설

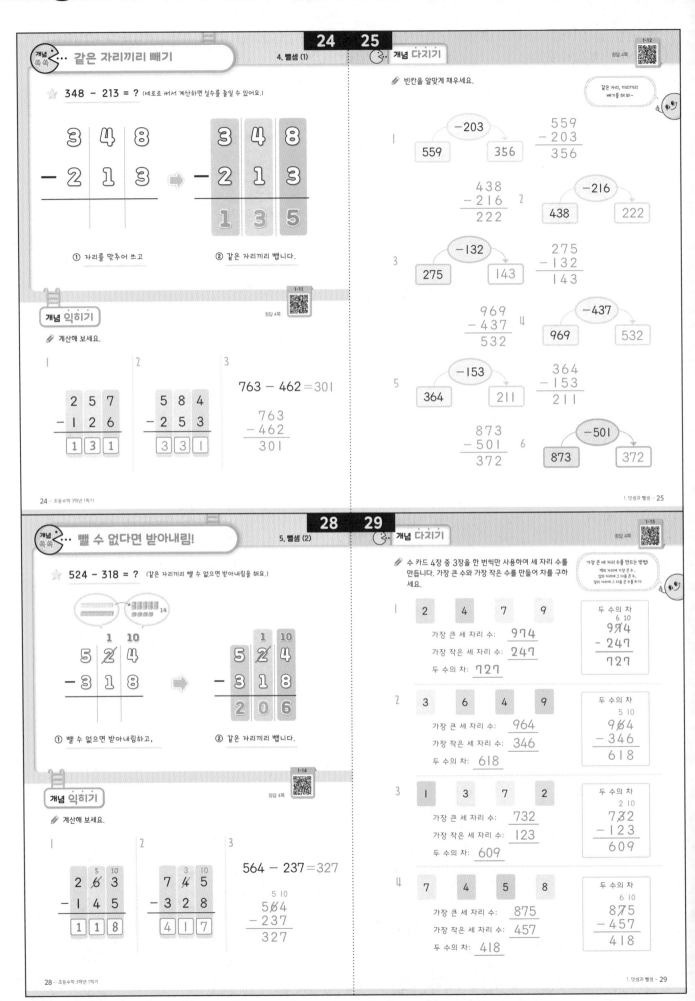

개념 쏙쏙 … 받아내림을 두 번 하는 뺄셈

6. 뺄셈 (3)

☆ 321 − 174 = ?　(십의 자리와 백의 자리에서 받아내림을 두 번 해요.)

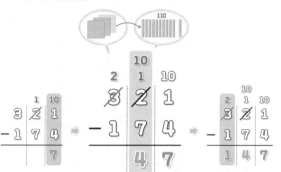

개념 익히기

✏️ 계산해 보세요.

1.
```
  6 11 10
  7  2  3
−  5  6  8
─────────
  1  5  5
```

2.
```
  4 13 10
  5  4  7
−  3  4  9
─────────
  1  9  8
```

3.
317 − 158 = 159

```
  2 10 10
   3  1  7
−  1  5  8
─────────
   1  5  9
```

🕐 개념 다지기

정답 5쪽　1-17

✏️ 식을 세우고 물음에 답하세요.

💬 수나 양이 처음보다 줄었다면 뺄셈식을 쓰는 거야~

1. 수영 대회에 참가한 선수 336명 중 149명이 예선에서 탈락했습니다. 남은 선수는 몇 명일까요?
```
  2 12 10
   3  3  6
−  1  4  9
─────────
   1  8  7
```
→ 식: 336−149=187　→ 답: 187 명

2. 별빛 마을에서 축제를 위해 음료수 430병을 준비했습니다. 그중에서 347병을 마셨다면 남은 음료수는 몇 병일까요?
```
  3 12 10
   4  3  0
−  3  4  7
─────────
      8  3
```
→ 식: 430−347=83　→ 답: 83 병

3. 작년에 진구네 딸기밭에서 딸기 745상자를 수확했습니다. 올해는 작년보다 486상자 적게 수확했다면 올해 수확한 딸기는 몇 상자일까요?
```
  6 13 10
   7  4  5
−  4  8  6
─────────
   2  5  9
```
→ 식: 745−486=259　→ 답: 259 상자

4. 훈이는 줄넘기를 752회 했고 진우는 훈이보다 195회 적게 했습니다. 진우는 줄넘기를 몇 회 했을까요?
```
  6 14 10
   7  5  2
−  1  9  5
─────────
   5  5  7
```
→ 식: 752−195=557　→ 답: 557 회

🕐 개념 다지기

정답 5쪽　1-18

✏️ 빈칸을 알맞게 채우세요.

💬 중간에 빈칸이 있어도 뺄셈은 일의 자리부터 차근히 계산하면 돼.

1.
```
  5 16 10
  6  7  3
−  4  7  6
─────────
  1  9  7
```

2.
```
  3 11 10
  4  2  3
−  1  5  4
─────────
  2  6  9
```

3.
```
  4 12 10
  5  3  0
−  2  4  7
─────────
  2  8  3
```

4.
```
  6 10 10
  7  0  8
−  1  6  9
─────────
  5  3  9
```

5.
```
  4 13 10
  5  4  6
−  3  6  8
─────────
  1  7  8
```

6.
```
  5 13 10
  6  4  1
−  4  5  9
─────────
  1  8  2
```

🕐 개념 펼치기

정답 5쪽　1-19

✏️ 문장을 세로셈으로 나타내고 어떤 수를 구하세요.

💬 덧셈식을 뺄셈식으로, 뺄셈식을 덧셈식으로 바꿔 풀 수 있어!

1. 어떤 수에 147을 더했더니 488이 되었습니다.
→ 어떤 수: 341
```
  □             488
+ 147    →    − 147
───           ─────
  488           341
```

2. 어떤 수에 329를 더했더니 537이 되었습니다.
→ 어떤 수: 208
```
  □           2 10
+ 329    →    5 3 7
───          − 329
  537        ─────
               208
```

3. 어떤 수에 518을 더했더니 746이 되었습니다.
→ 어떤 수: 228
```
  □           3 10
+ 518    →    7 4 6
───          − 518
  746        ─────
               228
```

4. 어떤 수에서 153을 뺐더니 248이 되었습니다.
→ 어떤 수: 401
```
  □            1 1
− 153    →     248
───          + 153
  248        ─────
               401
```

5. 어떤 수에서 367을 뺐더니 103이 되었습니다.
→ 어떤 수: 470
```
  □             1
− 367    →     103
───          + 367
  103        ─────
               470
```

개념 마무리

1. 덧셈과 뺄셈

정답 6쪽

1 수 모형을 보고 계산하세요.

$$245 + 321 = \boxed{566}$$

$$\begin{array}{r} 245 \\ +\ 321 \\ \hline 566 \end{array}$$

2 빈칸을 알맞게 채우세요.

$$\begin{array}{r} {\scriptstyle 1\ 1} \\ 5\ 7\ 4 \\ +\ 3\ 4\ 9 \\ \hline \boxed{9}\ \boxed{2}\ \boxed{3} \end{array}$$

3 두 수의 차를 빈칸에 쓰세요.

673	198
\multicolumn{2}{c	}{475}

$$\begin{array}{r} {\scriptstyle 5\ 16\ 10} \\ \cancel{6}\cancel{7}3 \\ -\ 1\ 9\ 8 \\ \hline 4\ 7\ 5 \end{array}$$

4 빈칸을 알맞게 채우세요.

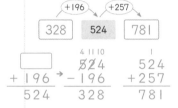

$$\begin{array}{r} 328 \\ +196 \\ \hline 524 \end{array} \rightarrow \begin{array}{r} {\scriptstyle 4\ 11\ 10} \\ \cancel{5}\cancel{2}4 \\ -196 \\ \hline 328 \end{array} \quad \begin{array}{r} {\scriptstyle 1} \\ 524 \\ +257 \\ \hline 781 \end{array}$$

5 계산 결과를 비교하여 ○ 안에 >, =, <를 알맞게 쓰세요.

$$915 - 326 \boxed{<} 486 + 135$$

$$\begin{array}{r} {\scriptstyle 8\ 10\ 10} \\ \cancel{9}\cancel{1}5 \\ -326 \\ \hline 589 \end{array} \qquad \begin{array}{r} {\scriptstyle 1\ 1} \\ 486 \\ +135 \\ \hline 621 \end{array}$$

6 아래의 덧셈식에서 $\boxed{1}$이 실제로 나타내는 수는 얼마일까요?

$$\begin{array}{r} {\scriptstyle\boxed{1}} \\ 2\ 3\ 7 \\ +\ 1\ 5\ 4 \\ \hline 3\ 9\ 1 \end{array}$$

➡ 　10

7 좌석이 625개인 영화관에 관객 483명이 앉아 있습니다. 빈 좌석은 몇 개일까요?

$$\begin{array}{r} {\scriptstyle 5\ 10} \\ \cancel{6}2\cancel{5} \\ -\ 483 \\ \hline 142 \end{array}\ \boxed{142}\ 개$$

8 빈칸을 알맞게 채우세요.

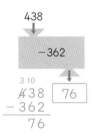

$$\begin{array}{r} {\scriptstyle 3\ 10} \\ 4\cancel{3}8 \\ -\ 362 \\ \hline 76 \end{array}$$

(9~10)
어느 공원의 약도입니다. 물음에 답하세요.

$$\begin{array}{r} ©\quad {\scriptstyle 1} \\ 147 \\ +224 \\ \hline 371 \end{array} \qquad \begin{array}{r} ©\quad {\scriptstyle 1} \\ 126 \\ +254 \\ \hline 380 \end{array}$$

9 나눔 분수에서 숲속 무대까지 가는 가장 짧은 길의 기호를 쓰세요.

➡ 　㉠

10 나눔 분수에서 숲속 무대까지 가장 가까운 길로 갈 때의 거리와 가장 먼 길로 갈 때의 거리의 차는 얼마일까요? ©

$$\begin{array}{r} {\scriptstyle 7\ 10} \\ 3\cancel{8}0 \\ -\ 342 \\ \hline 38 \end{array}\ \boxed{38}\ m$$

11 빈칸을 알맞게 채우세요.

$$\begin{array}{r} {\scriptstyle 1\ 1\ 1} \\ 684 \\ +\ 598 \\ \hline 1282 \end{array}$$

(+)→		
684	598	1282
186	329	515
498	269	

$$\begin{array}{r} {\scriptstyle 5\ 17\ 10} \\ \cancel{6}8\cancel{4} \\ -\ 186 \\ \hline 498 \end{array} \quad \begin{array}{r} {\scriptstyle 8\ 10} \\ 5\cancel{9}8 \\ -\ 329 \\ \hline 269 \end{array} \quad \begin{array}{r} {\scriptstyle 1} \\ 186 \\ +\ 329 \\ \hline 515 \end{array}$$

1. 덧셈과 뺄셈 · 35

---

1. 덧셈과 뺄셈

(12~13)
지난 주말 동안 신지네 동네에 있는 박물관과 음악회 입장객 수를 조사하여 표로 나타냈습니다. 물음에 답하세요.

	토요일	일요일
박물관	452명	478명
음악회	497명	485명

12 주말 동안 박물관과 음악회 입장객 수는 각각 몇 명일까요?

➡ 박물관 입장객 수: $\boxed{930}$ 명

➡ 음악회 입장객 수: $\boxed{982}$ 명

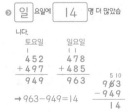

$$\begin{array}{r} \text{박물관} \\ {\scriptstyle 1\ 1} \\ 452 \\ +478 \\ \hline 930 \end{array} \qquad \begin{array}{r} \text{음악회} \\ {\scriptstyle 1\ 1} \\ 497 \\ +485 \\ \hline 982 \end{array}$$

13 박물관과 음악회 입장객 수의 합은 토요일과 일요일 중 어느 요일에 몇 명 더 많았을까요?

➡ $\boxed{일}$ 요일에 $\boxed{14}$ 명 더 많았습니다.

$$\begin{array}{r} \text{토요일} \\ {\scriptstyle 1\ 1} \\ 452 \\ +497 \\ \hline 949 \end{array} \qquad \begin{array}{r} \text{일요일} \\ 478 \\ +485 \\ \hline 963 \end{array}$$

$$\rightarrow 963 - 949 = 14$$

$$\begin{array}{r} {\scriptstyle 5\ 10} \\ 9\cancel{6}3 \\ -949 \\ \hline 14 \end{array}$$

14 수 카드 4장 중 2장을 골라 계산 결과가 가장 큰 뺄셈식을 만들려고 합니다. 빈칸을 알맞게 채우세요.

| 852 | 232 | 539 | 796 |

$$\boxed{852} - \boxed{232} = \boxed{620}$$

뺄셈의 결과가 가장 커지려면, 가장 큰 수에서 가장 작은 수를 빼야 합니다.

$$\begin{array}{r} 852 \\ -\ 232 \\ \hline 620 \end{array}$$

15 관계있는 것끼리 선으로 이으세요.

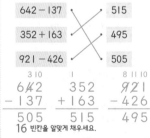

642 − 137 ── 515
352 + 163 ── 495
921 − 426 ── 505

$$\begin{array}{r} {\scriptstyle 3\ 10} \\ 6\cancel{4}2 \\ -137 \\ \hline 505 \end{array} \quad \begin{array}{r} {\scriptstyle 1} \\ 352 \\ +163 \\ \hline 515 \end{array} \quad \begin{array}{r} {\scriptstyle 8\ 11\ 10} \\ \cancel{9}\cancel{2}1 \\ -426 \\ \hline 495 \end{array}$$

16 빈칸을 알맞게 채우세요.

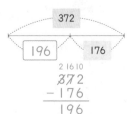

$$\begin{array}{r} 372 \end{array}$$

$$\boxed{196} \qquad \boxed{176}$$

$$\begin{array}{r} {\scriptstyle 2\ 16\ 10} \\ \cancel{3}\cancel{7}2 \\ -\ 176 \\ \hline 196 \end{array}$$

17 빈칸에 들어갈 수 있는 수 중에서 가장 작은 세 자리 수를 구하세요.

$$\boxed{} + 529 > 875$$

➡ 　347

$875 - 529 = 346$
따라서 529는 346보다 큰 수와 더해야 875보다 크게 됩니다.
→ $\boxed{}$에 들어갈 수 있는 수는 347, 348, 349, …
그 중에서 가장 작은 수는 347

18 계산 결과가 작은 것부터 차례대로 기호를 쓰세요.

| ㉠ 759 − 346 = 413 |
| ㉡ 156 + 269 = 425 |
| ㉢ 620 − 189 = 431 |

➡ 　㉠, ㉡, ㉢

$$\begin{array}{r} ㉠ \\ 759 \\ -346 \\ \hline 413 \end{array} \quad \begin{array}{r} ㉡\ {\scriptstyle 1\ 1} \\ 156 \\ +269 \\ \hline 425 \end{array}$$

$$\begin{array}{r} ㉢\ {\scriptstyle 5\ 11\ 10} \\ \cancel{6}\cancel{2}0 \\ -189 \\ \hline 431 \end{array}$$

서술형

19 뺄셈에서 잘못된 부분을 찾아 바르게 고치고, 잘못된 이유를 쓰세요.

$$\begin{array}{r} 936 \\ -237 \\ \hline 799 \end{array} \rightarrow \begin{array}{r} {\scriptstyle 8\ 12\ 10} \\ \cancel{9}\cancel{3}6 \\ -\ 237 \\ \hline 699 \end{array}$$

이유 ➡ ⑩ 백의 자리에서 받아내림하고 남은 수에서 빼지 않고, 원래 수에서 뺐습니다.

서술형

20 수 카드 4장 중 3장을 한 번씩만 사용하여 만들 수 있는 가장 큰 세 자리 수와 가장 작은 세 자리 수의 차를 구하세요.

 8 5

풀이 ➡ ⑩ 만들 수 있는 가장 큰 세 자리 수는 865이고, 만들 수 있는 가장 작은 세 자리 수는 156입니다. 따라서 두 수의 차는 865−156=709 입니다.

답: $\boxed{709}$

$$\begin{array}{r} {\scriptstyle 5\ 10} \\ 8\cancel{6}5 \\ -\ 156 \\ \hline 709 \end{array}$$

1. 덧셈과 뺄셈 · 37

2. 평면도형

38 39

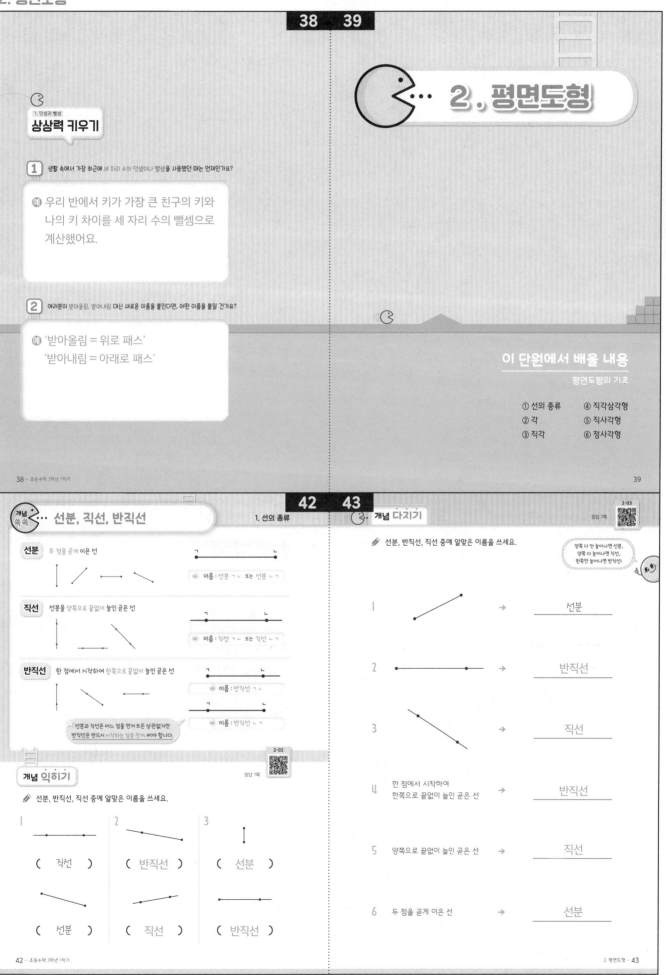

상상력 키우기

1. 덧셈과 뺄셈

1 생활 속에서 가장 최근에 세 자리 수의 덧셈이나 뺄셈을 사용했던 때는 언제인가요?

예 우리 반에서 키가 가장 큰 친구의 키와 나의 키 차이를 세 자리 수의 뺄셈으로 계산했어요.

2 여러분이 받아올림, 받아내림 대신 새로운 이름을 붙인다면, 어떤 이름을 붙일 건가요?

예 '받아올림 = 위로 패스'
'받아내림 = 아래로 패스'

2. 평면도형

이 단원에서 배울 내용

평면도형의 기초

① 선의 종류　④ 직각삼각형
② 각　⑤ 직사각형
③ 직각　⑥ 정사각형

38 ·· 초등수학 3학년 1학기

39

---

42 43

선분, 직선, 반직선

1. 선의 종류

선분 두 점을 곧게 이은 선

➡ 이름 : 선분 ㄱㄴ 또는 선분 ㄴㄱ

직선 선분을 양쪽으로 끝없이 늘인 곧은 선

➡ 이름 : 직선 ㄱㄴ 또는 직선 ㄴㄱ

반직선 한 점에서 시작하여 한쪽으로 끝없이 늘인 곧은 선

➡ 이름 : 반직선 ㄱㄴ

➡ 이름 : 반직선 ㄴㄱ

선분과 직선은 어느 점을 먼저 쓰든 상관없지만 반직선은 반드시 시작하는 점을 먼저 써야 합니다.

개념 익히기

정답 7쪽

✏ 선분, 반직선, 직선 중에 알맞은 이름을 쓰세요.

1	2	3
(직선)	(반직선)	(선분)
(선분)	(직선)	(반직선)

42 ·· 초등수학 3학년 1학기

개념 다지기

정답 7쪽

✏ 선분, 반직선, 직선 중에 알맞은 이름을 쓰세요.

양쪽 다 안 늘어나면 선분,
양쪽 다 늘어나면 직선,
한쪽만 늘어나면 반직선!

1 → ___선분___

2 → ___반직선___

3 → ___직선___

4 한 점에서 시작하여 한쪽으로 끝없이 늘인 곧은 선 → ___반직선___

5 양쪽으로 끝없이 늘인 곧은 선 → ___직선___

6 두 점을 곧게 이은 선 → ___선분___

2. 평면도형 ·· 43

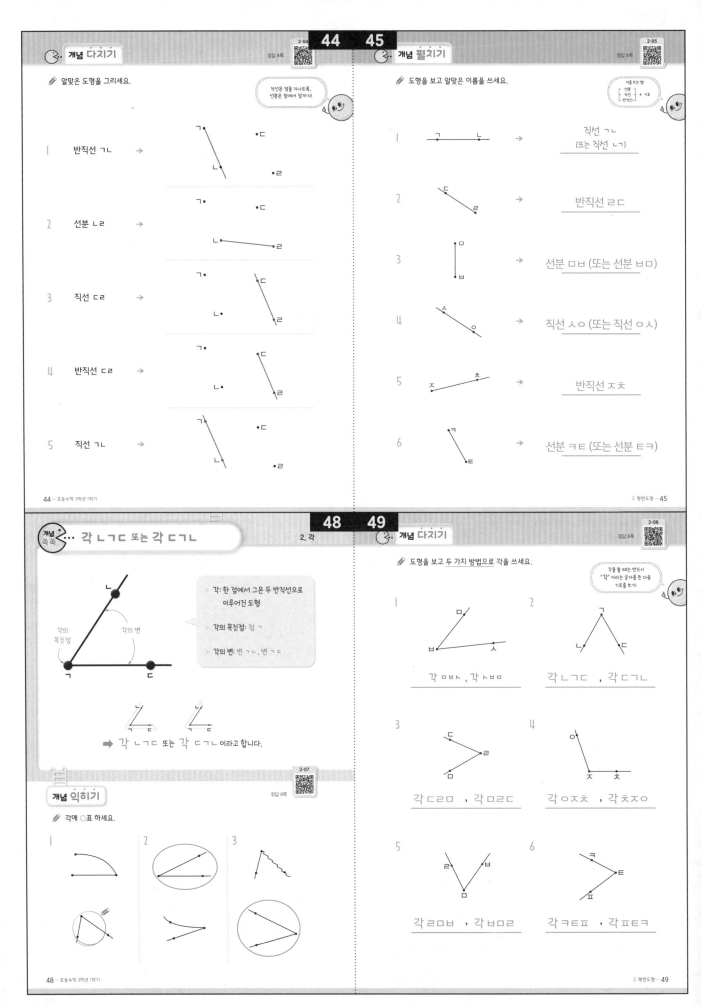

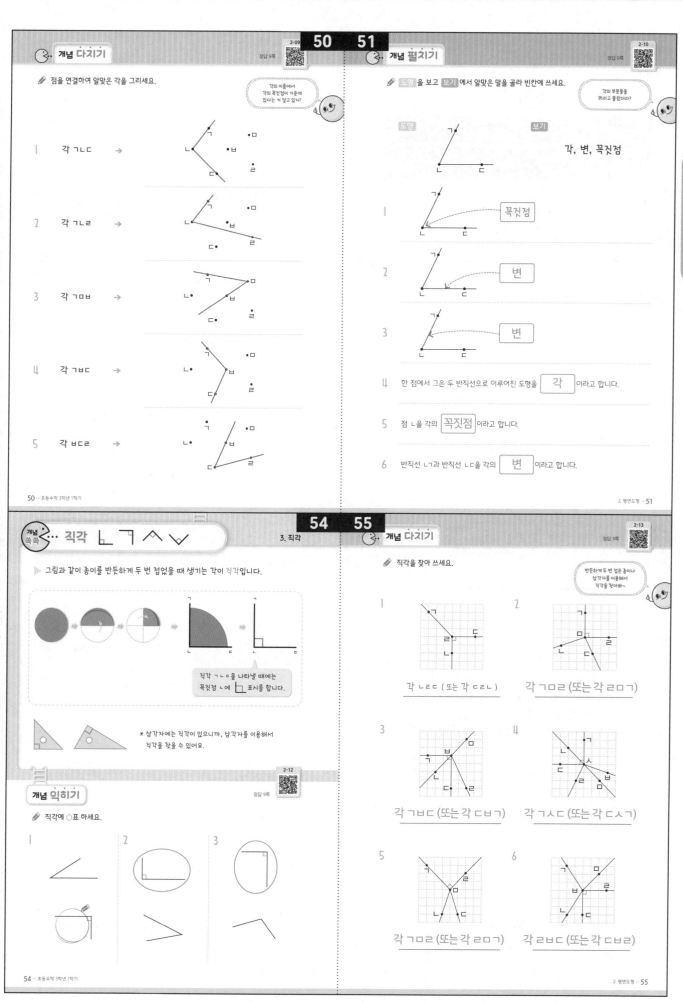

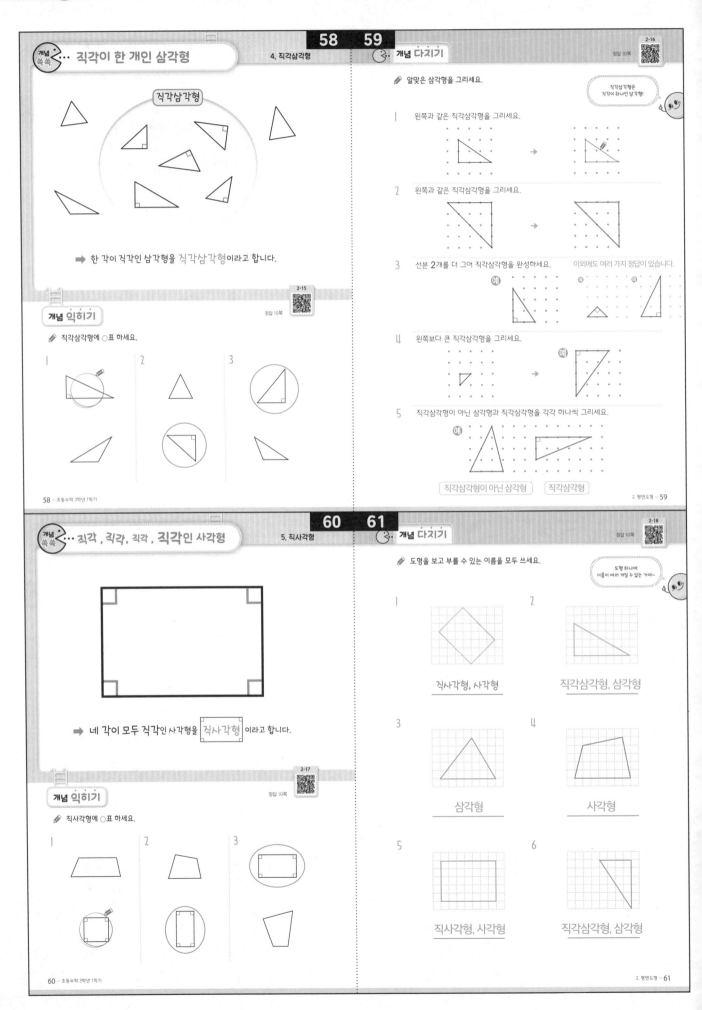

개념 쏙쏙 · · · 직각이 한 개인 삼각형

4. 직각삼각형

직각삼각형

➡ 한 각이 직각인 삼각형을 직각삼각형이라고 합니다.

개념 익히기

정답 10쪽

✏ 직각삼각형에 ○표 하세요.

개념 다지기

정답 10쪽

✏ 알맞은 삼각형을 그리세요.

직각삼각형은
직각이 하나인 삼각형!

1 왼쪽과 같은 직각삼각형을 그리세요.

2 왼쪽과 같은 직각삼각형을 그리세요.

3 선분 2개를 더 그어 직각삼각형을 완성하세요.
이외에도 여러 가지 정답이 있습니다.

4 왼쪽보다 큰 직각삼각형을 그리세요.

5 직각삼각형이 아닌 삼각형과 직각삼각형을 각각 하나씩 그리세요.

직각삼각형이 아닌 삼각형 | 직각삼각형

개념 쏙쏙 · · · 직각, 직각, 직각, 직각인 사각형

5. 직사각형

➡ 네 각이 모두 직각인 사각형을 직사각형이라고 합니다.

개념 익히기

정답 10쪽

✏ 직사각형에 ○표 하세요.

개념 다지기

정답 10쪽

✏ 도형을 보고 부를 수 있는 이름을 모두 쓰세요.

도형 하나에
이름이 여러 개일 수 있는 거야~

1 직사각형, 사각형

2 직각삼각형, 삼각형

3 삼각형

4 사각형

5 직사각형, 사각형

6 직각삼각형, 삼각형

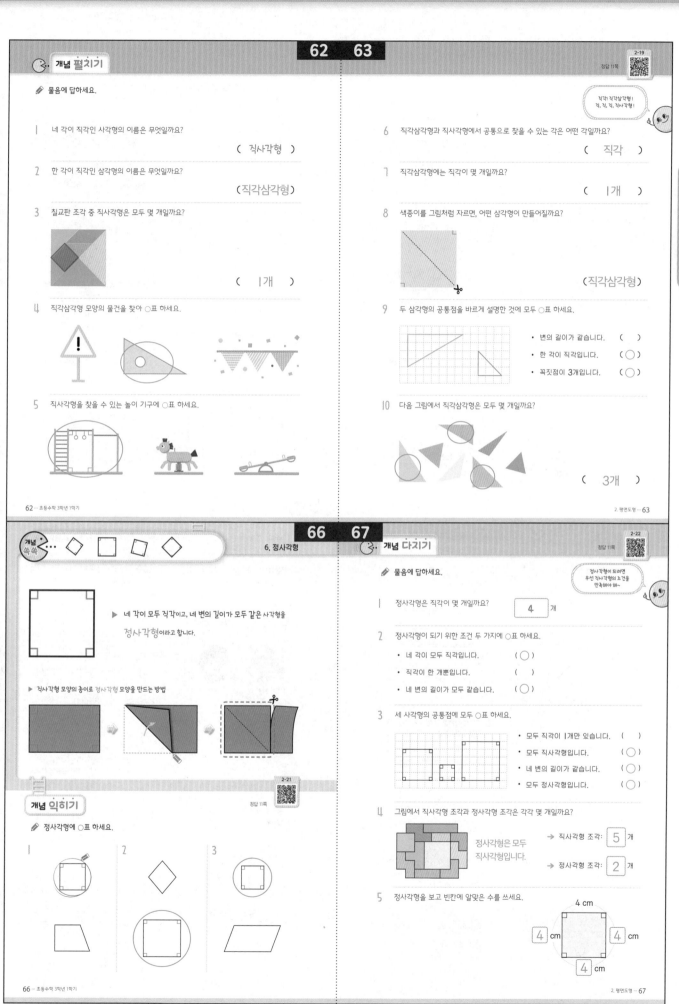

개념 펼치기

물음에 답하세요.

1 네 각이 직각인 사각형의 이름은 무엇일까요?

(직사각형)

2 한 각이 직각인 삼각형의 이름은 무엇일까요?

(직각삼각형)

3 칠교판 조각 중 직사각형은 모두 몇 개일까요?

(1개)

4 직각삼각형 모양의 물건을 찾아 ○표 하세요.

5 직사각형을 찾을 수 있는 놀이 기구에 ○표 하세요.

62 … 초등수학 3학년 1학기

6 직각삼각형과 직사각형에서 공통으로 찾을 수 있는 각은 어떤 각일까요?

직각 직각삼각형!
직, 직, 직, 직사각형!

(직각)

7 직각삼각형에는 직각이 몇 개일까요?

(1개)

8 색종이를 그림처럼 자르면, 어떤 삼각형이 만들어질까요?

(직각삼각형)

9 두 삼각형의 공통점을 바르게 설명한 것에 모두 ○표 하세요.

• 변의 길이가 같습니다. ( )
• 한 각이 직각입니다. (○)
• 꼭짓점이 3개입니다. (○)

10 다음 그림에서 직각삼각형은 모두 몇 개일까요?

(3개)

2. 평면도형 … 63

6. 정사각형

개념 쏙쏙

▶ 네 각이 모두 직각이고, 네 변의 길이가 모두 같은 사각형을

정사각형이라고 합니다.

▶ 직사각형 모양의 종이로 정사각형 모양을 만드는 방법

개념 익히기

정사각형에 ○표 하세요.

1　　　2　　　3

66 … 초등수학 3학년 1학기

개념 다지기

물음에 답하세요.

정사각형이 되려면
우선 직사각형의 조건을
만족해야 해~

1 정사각형은 직각이 몇 개일까요?　[4] 개

2 정사각형이 되기 위한 조건 두 가지에 ○표 하세요.

• 네 각이 모두 직각입니다. (○)
• 직각이 한 개뿐입니다. ( )
• 네 변의 길이가 모두 같습니다. (○)

3 세 사각형의 공통점에 모두 ○표 하세요.

• 모두 직각이 1개만 있습니다. ( )
• 모두 직사각형입니다. (○)
• 네 변의 길이가 같습니다. (○)
• 모두 정사각형입니다. (○)

4 그림에서 직사각형 조각과 정사각형 조각은 각각 몇 개일까요?

정사각형은 모두
직사각형입니다.

→ 직사각형 조각: [5] 개

→ 정사각형 조각: [2] 개

5 정사각형을 보고 빈칸에 알맞은 수를 쓰세요.

4 cm
[4] cm　　[4] cm
[4] cm

2. 평면도형 … 67

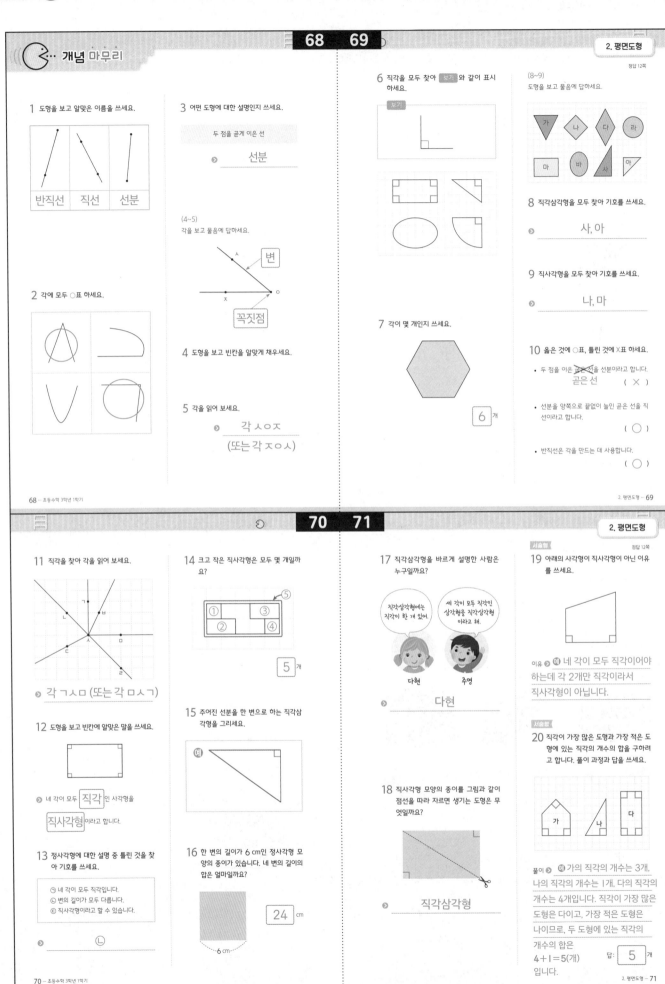

개념 마무리

1 도형을 보고 알맞은 이름을 쓰세요.

반직선 | 직선 | 선분

2 각에 모두 ○표 하세요.

3 어떤 도형에 대한 설명인지 쓰세요.

두 점을 곧게 이은 선

➡ 선분

(4~5)
각을 보고 물음에 답하세요.

변
꼭짓점

4 도형을 보고 빈칸을 알맞게 채우세요.

5 각을 읽어 보세요.

➡ 각 ㅅㅇㅈ
(또는 각 ㅈㅇㅅ)

6 직각을 모두 찾아 보기 와 같이 표시하세요.

보기

7 각이 몇 개인지 쓰세요.

6 개

(8~9)
도형을 보고 물음에 답하세요.

가 나 다 라
마 바 사 아

8 직각삼각형을 모두 찾아 기호를 쓰세요.

➡ 사, 아

9 직사각형을 모두 찾아 기호를 쓰세요.

➡ 나, 마

10 옳은 것에 ○표, 틀린 것에 X표 하세요.

• 두 점을 이은 곧은 선을 선분이라고 합니다.
곧은 선 (X)

• 선분을 양쪽으로 끝없이 늘인 곧은 선을 직선이라고 합니다.
(○)

• 반직선은 각을 만드는 데 사용합니다.
(○)

11 직각을 찾아 각을 읽어 보세요.

➡ 각 ㄱㅅㅁ (또는 각 ㅁㅅㄱ)

12 도형을 보고 빈칸에 알맞은 말을 쓰세요.

➡ 네 각이 모두 직각 인 사각형을
직사각형 이라고 합니다.

13 정사각형에 대한 설명 중 틀린 것을 찾아 기호를 쓰세요.

㉠ 네 각이 모두 직각입니다.
㉡ 변의 길이가 모두 다릅니다.
㉢ 직사각형이라고 말 수 있습니다.

➡ ㉡

14 크고 작은 직사각형은 모두 몇 개일까요?

① ③ ⑤
② ④

5 개

15 주어진 선분을 한 변으로 하는 직각삼각형을 그리세요.

예

16 한 변의 길이가 6 cm인 정사각형 모양의 종이가 있습니다. 네 변의 길이의 합은 얼마일까요?

24 cm

6 cm

17 직각삼각형을 바르게 설명한 사람은 누구일까요?

직각삼각형에는 직각이 한 개 있어. — 다현

세 각이 모두 직각인 삼각형을 직각삼각형이라고 해. — 주영

➡ 다현

18 직사각형 모양의 종이를 그림과 같이 점선을 따라 자르면 생기는 도형은 무엇일까요?

➡ 직각삼각형

19 아래의 사각형이 직사각형이 아닌 이유를 쓰세요.

이유 ➡ 예 네 각이 모두 직각이어야 하는데 각 2개만 직각이라서 직사각형이 아닙니다.

20 직각이 가장 많은 도형과 가장 적은 도형에 있는 직각의 개수의 합을 구하려고 합니다. 풀이 과정과 답을 쓰세요.

가 나 다

풀이 ➡ 예 가의 직각의 개수는 3개, 나의 직각의 개수는 1개, 다의 직각의 개수는 4개입니다. 직각이 가장 많은 도형은 다이고, 가장 적은 도형은 나이므로, 두 도형에 있는 직각의 개수의 합은 4+1=5(개)입니다.

답: 5 개

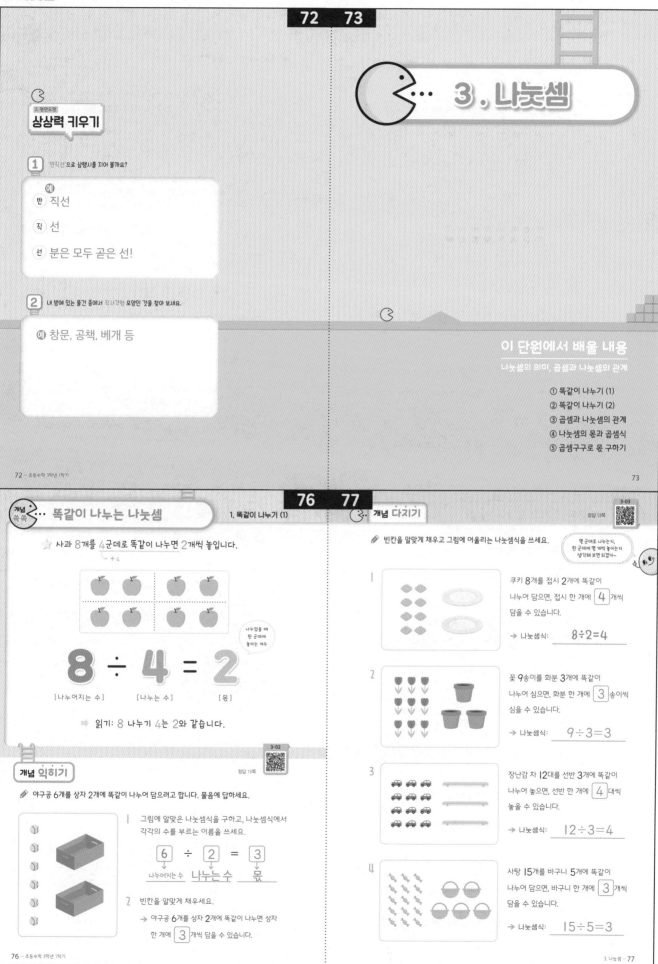

3. 나눗셈

상상력 키우기

2. 평면도형

1 '반직선'으로 삼행시를 지어 볼까요?

(예)
반) 직선
직) 선
선) 분은 모두 곧은 선!

2 내 방에 있는 물건 중에서 직사각형 모양인 것을 찾아 보세요.

(예) 창문, 공책, 베개 등

이 단원에서 배울 내용

나눗셈의 의미, 곱셈과 나눗셈의 관계

① 똑같이 나누기 (1)
② 똑같이 나누기 (2)
③ 곱셈과 나눗셈의 관계
④ 나눗셈의 몫과 곱셈식
⑤ 곱셈구구로 몫 구하기

정답 및 해설

72 ··· 초등수학 3학년 1학기

73

개념 쏙쏙 ··· 똑같이 나누는 나눗셈

1. 똑같이 나누기 (1)

★ 사과 8개를 4군데로 똑같이 나누면 2개씩 놓입니다.

┌ ÷4

$$8 \div 4 = 2$$

[나누어지는 수] [나누는 수] [몫]

나누었을 때
한 군데에
놓이는 개수

⇨ 읽기: 8 나누기 4는 2와 같습니다.

3-02

개념 익히기

정답 13쪽

✏️ 야구공 6개를 상자 2개에 똑같이 나누어 담으려고 합니다. 물음에 답하세요.

1 그림에 알맞은 나눗셈식을 구하고, 나눗셈식에서
각각의 수를 부르는 이름을 쓰세요.

$$6 \div 2 = 3$$

나누어지는 수 나누는 수 몫

2 빈칸을 알맞게 채우세요.

➡ 야구공 6개를 상자 2개에 똑같이 나누면 상자
한 개에 [3] 개씩 담을 수 있습니다.

76 ··· 초등수학 3학년 1학기

개념 다지기

3-03

✏️ 빈칸을 알맞게 채우고 그림에 어울리는 나눗셈식을 쓰세요.

정답 13쪽

몇 군데로 나누는지,
한 군데에 몇 개씩 놓이는지
생각해 보면 되겠지~

1 쿠키 8개를 접시 2개에 똑같이
나누어 담으면, 접시 한 개에 [4] 개씩
담을 수 있습니다.

➡ 나눗셈식: 8÷2=4

2 꽃 9송이를 화분 3개에 똑같이
나누어 심으면, 화분 한 개에 [3] 송이씩
심을 수 있습니다.

➡ 나눗셈식: 9÷3=3

3 장난감 차 12대를 선반 3개에 똑같이
나누어 놓으면, 선반 한 개에 [4] 대씩
놓을 수 있습니다.

➡ 나눗셈식: 12÷3=4

4 사탕 15개를 바구니 5개에 똑같이
나누어 담으면, 바구니 한 개에 [3] 개씩
담을 수 있습니다.

➡ 나눗셈식: 15÷5=3

3. 나눗셈 ··· 77

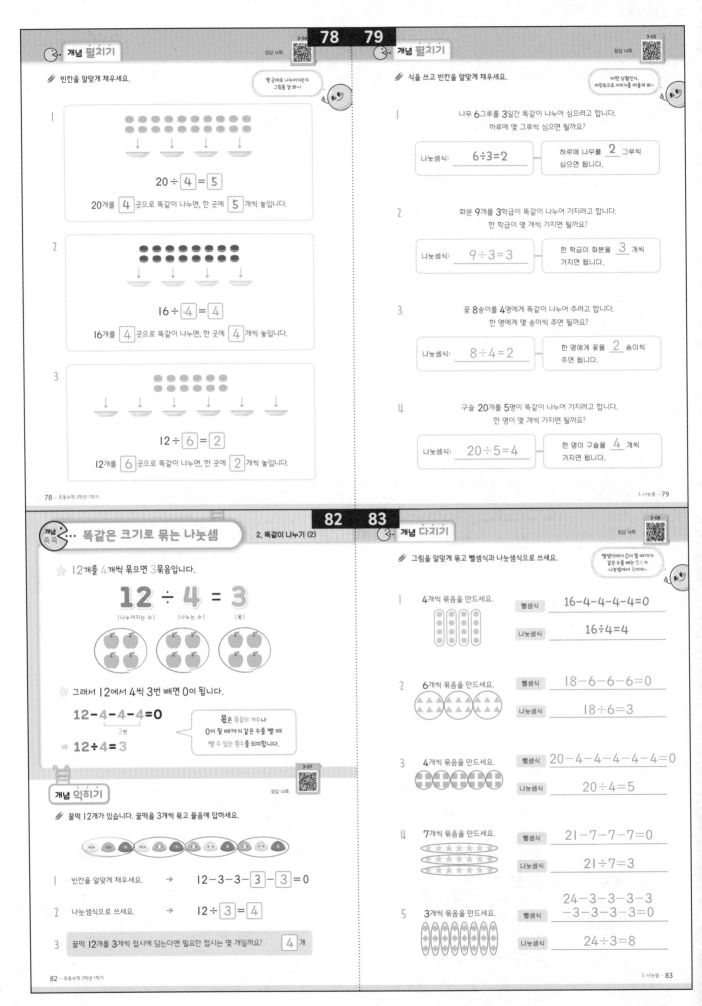

개념 펼치기

빈칸을 알맞게 채우세요.

명 군데로 나누어지는지 그림을 잘 봐~!

1

$$20 \div 4 = 5$$

20개를 4곳으로 똑같이 나누면, 한 곳에 5개씩 놓입니다.

2

$$16 \div 4 = 4$$

16개를 4곳으로 똑같이 나누면, 한 곳에 4개씩 놓입니다.

3

$$12 \div 6 = 2$$

12개를 6곳으로 똑같이 나누면, 한 곳에 2개씩 놓입니다.

78 — 초등수학 3학년 1학기

개념 펼치기

식을 쓰고 빈칸을 알맞게 채우세요.

어떤 상황인지, 머릿속으로 이미지를 떠올려 봐~

1 나무 6그루를 3일간 똑같이 나누어 심으려고 합니다. 하루에 몇 그루씩 심으면 될까요?

나눗셈식: $6 \div 3 = 2$

하루에 나무를 2 그루씩 심으면 됩니다.

2 화분 9개를 3학급이 똑같이 나누어 가지려고 합니다. 한 학급이 몇 개씩 가지면 될까요?

나눗셈식: $9 \div 3 = 3$

한 학급이 화분을 3 개씩 가지면 됩니다.

3 꽃 8송이를 4명에게 똑같이 나누어 주려고 합니다. 한 명에게 몇 송이씩 주면 될까요?

나눗셈식: $8 \div 4 = 2$

한 명에게 꽃을 2 송이씩 주면 됩니다.

4 구슬 20개를 5명이 똑같이 나누어 가지려고 합니다. 한 명이 몇 개씩 가지면 될까요?

나눗셈식: $20 \div 5 = 4$

한 명이 구슬을 4 개씩 가지면 됩니다.

3. 나눗셈 — 79

개념 쏙쏙 … 똑같은 크기로 묶는 나눗셈

2. 똑같이 나누기 (2)

⭐ 12개를 4개씩 묶으면 3묶음입니다.

$$12 \div 4 = 3$$
[나누어지는 수] [나누는 수] [몫]

⭐ 그래서 12에서 4씩 3번 빼면 0이 됩니다.

$$12 - 4 - 4 - 4 = 0$$
3번

➡ $12 \div 4 = 3$

묶은 묶음의 개수나 0이 될 때까지 같은 수를 뺄 때 뺄 수 있는 횟수를 의미합니다.

개념 익히기

꿀떡 12개가 있습니다. 꿀떡을 3개씩 묶고 물음에 답하세요.

1 빈칸을 알맞게 채우세요. → $12 - 3 - 3 - 3 - 3 = 0$

2 나눗셈식으로 쓰세요. → $12 \div 3 = 4$

3 꿀떡 12개를 3개씩 접시에 담는다면 필요한 접시는 몇 개일까요? 4 개

82 — 초등수학 3학년 1학기

개념 다지기

그림을 알맞게 묶고 뺄셈식과 나눗셈식으로 쓰세요.

뺄셈식에서 0이 될 때까지 같은 수를 빼는 횟수가 나눗셈에서 몫이야~

1 4개씩 묶음을 만드세요.

뺄셈식 $16 - 4 - 4 - 4 - 4 = 0$

나눗셈식 $16 \div 4 = 4$

2 6개씩 묶음을 만드세요.

뺄셈식 $18 - 6 - 6 - 6 = 0$

나눗셈식 $18 \div 6 = 3$

3 4개씩 묶음을 만드세요.

뺄셈식 $20 - 4 - 4 - 4 - 4 - 4 = 0$

나눗셈식 $20 \div 4 = 5$

4 7개씩 묶음을 만드세요.

뺄셈식 $21 - 7 - 7 - 7 = 0$

나눗셈식 $21 \div 7 = 3$

5 3개씩 묶음을 만드세요.

뺄셈식 $24 - 3 - 3 - 3 - 3$ $- 3 - 3 - 3 - 3 = 0$

나눗셈식 $24 \div 3 = 8$

3. 나눗셈 — 83

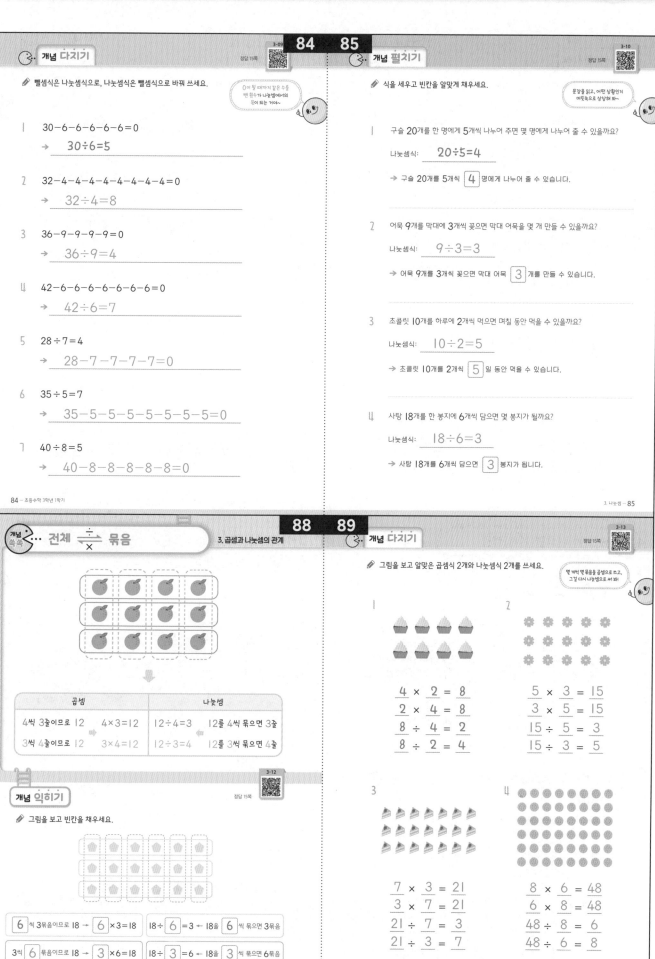

개념 다지기　정답 15쪽　3-09

🖊 뺄셈식은 나눗셈식으로, 나눗셈식은 뺄셈식으로 바꿔 쓰세요.

0이 될 때까지 같은 수를 뺀 횟수가 나눗셈에서의 몫이 되는 거야~

1　$30-6-6-6-6-6=0$
→ $30 \div 6 = 5$

2　$32-4-4-4-4-4-4-4-4=0$
→ $32 \div 4 = 8$

3　$36-9-9-9-9=0$
→ $36 \div 9 = 4$

4　$42-6-6-6-6-6-6-6=0$
→ $42 \div 6 = 7$

5　$28 \div 7 = 4$
→ $28-7-7-7-7=0$

6　$35 \div 5 = 7$
→ $35-5-5-5-5-5-5-5=0$

7　$40 \div 8 = 5$
→ $40-8-8-8-8-8=0$

84 ··· 초등수학 3학년 1학기

개념 펼치기　정답 15쪽　3-10

🖊 식을 세우고 빈칸을 알맞게 채우세요.

문장을 읽고, 어떤 상황인지 머릿속으로 상상해 봐~

1　구슬 20개를 한 명에게 5개씩 나누어 주면 몇 명에게 나누어 줄 수 있을까요?
나눗셈식: $20 \div 5 = 4$
→ 구슬 20개를 5개씩 [4] 명에게 나누어 줄 수 있습니다.

2　어묵 9개를 막대에 3개씩 꽂으면 막대 어묵을 몇 개 만들 수 있을까요?
나눗셈식: $9 \div 3 = 3$
→ 어묵 9개를 3개씩 꽂으면 막대 어묵 [3] 개를 만들 수 있습니다.

3　초콜릿 10개를 하루에 2개씩 먹으면 며칠 동안 먹을 수 있을까요?
나눗셈식: $10 \div 2 = 5$
→ 초콜릿 10개를 2개씩 [5] 일 동안 먹을 수 있습니다.

4　사탕 18개를 한 봉지에 6개씩 담으면 몇 봉지가 될까요?
나눗셈식: $18 \div 6 = 3$
→ 사탕 18개를 6개씩 담으면 [3] 봉지가 됩니다.

3. 나눗셈 ··· 85

개념 쏙쏙 ··· 전체 ÷/× 묶음　3. 곱셈과 나눗셈의 관계

곱셈		나눗셈	
4씩 3줄이므로 12	$4 \times 3 = 12$	$12 \div 4 = 3$	12를 4씩 묶으면 3줄
3씩 4줄이므로 12	$3 \times 4 = 12$	$12 \div 3 = 4$	12를 3씩 묶으면 4줄

개념 익히기　정답 15쪽　3-12

🖊 그림을 보고 빈칸을 채우세요.

[6] 씩 3묶음이므로 18 → [6] ×3=18 　18÷ [6] =3 ← 18을 [6] 씩 묶으면 3묶음

3씩 [6] 묶음이므로 18 → [3] ×6=18 　18÷ [3] =6 ← 18을 [3] 씩 묶으면 6묶음

88 ··· 초등수학 3학년 1학기

개념 다지기　정답 15쪽　3-13

🖊 그림을 보고 알맞은 곱셈식 2개와 나눗셈식 2개를 쓰세요.

몇 개씩 몇 묶음을 곱셈식으로 쓰고, 그걸 다시 나눗셈으로 써 봐

1
$4 \times 2 = 8$
$2 \times 4 = 8$
$8 \div 4 = 2$
$8 \div 2 = 4$

2
$5 \times 3 = 15$
$3 \times 5 = 15$
$15 \div 5 = 3$
$15 \div 3 = 5$

3
$7 \times 3 = 21$
$3 \times 7 = 21$
$21 \div 7 = 3$
$21 \div 3 = 7$

4
$8 \times 6 = 48$
$6 \times 8 = 48$
$48 \div 8 = 6$
$48 \div 6 = 8$

3. 나눗셈 ··· 89

정답 및 해설

정답 및 해설 ··· 15

90 91

개념 펼치기

정답 16쪽

✏️ 곱셈식은 나눗셈식 2개, 나눗셈식은 곱셈식 2개로 쓰세요.

> 곱셈과 나눗셈은 친구 사이

1 $6 \times 9 = 54$

→ $54 \div 6 = 9$
→ $54 \div 9 = 6$

2 $4 \times 3 = 12$

→ $12 \div 4 = 3$
→ $12 \div 3 = 4$

3 $7 \times 8 = 56$

→ $56 \div 7 = 8$
→ $56 \div 8 = 7$

4 $48 \div 6 = 8$

→ $6 \times 8 = 48$
→ $8 \times 6 = 48$

5 $32 \div 8 = 4$

→ $8 \times 4 = 32$
→ $4 \times 8 = 32$

6 $36 \div 4 = 9$

→ $4 \times 9 = 36$
→ $9 \times 4 = 36$

7 $9 \times 5 = 45$

→ $45 \div 9 = 5$
→ $45 \div 5 = 9$

8 $7 \times 4 = 28$

→ $28 \div 7 = 4$
→ $28 \div 4 = 7$

개념 펼치기

정답 16쪽

✏️ 구슬에 적힌 세 수를 사용해 곱셈식 2개와 나눗셈식 2개를 만드세요.

> 세 수로 곱셈식과 나눗셈식을 어떻게 만들지 잘 생각해 봐~

1 ⑥ ④ ㉔

$6 \times 4 = 24$ ㅤ $24 \div 6 = 4$
$4 \times 6 = 24$ ㅤ $24 \div 4 = 6$

2 ③ ⑦ ㉑

$3 \times 7 = 21$ ㅤ $21 \div 3 = 7$
$7 \times 3 = 21$ ㅤ $21 \div 7 = 3$

3 ④ ② ⑧

$4 \times 2 = 8$ ㅤ $8 \div 4 = 2$
$2 \times 4 = 8$ ㅤ $8 \div 2 = 4$

4 ⑦ ⑥ ㊷

$7 \times 6 = 42$ ㅤ $42 \div 7 = 6$
$6 \times 7 = 42$ ㅤ $42 \div 6 = 7$

94 95

개념 쏙쏙 ··· ÷ 가 나오면 ✕ 로 해결

4. 나눗셈의 몫과 곱셈식

$$18 \div 6 = ?$$

곱이

$$6 \times ? = 18$$

➡ $? = 3$

> 6에 무엇을 곱해야 18이 되는지 6단 곱셈구구를 떠올려 보자!
>
> $6 \times 1 = 6$
> $6 \times 2 = 12$
> $\underline{6 \times 3 = 18}$
> ⋮

개념 익히기

정답 16쪽

✏️ 나눗셈식에 선을 긋고 빈칸을 알맞게 채우세요.

1 $40 \div 8 = ?$ → 필요한 곱셈구구는 8 단

2 $45 \div 5 = ?$ → 필요한 곱셈구구는 5 단

3 $28 \div 7 = ?$ → 필요한 곱셈구구는 7 단

개념 다지기

정답 16쪽

✏️ 나눗셈식에 선을 긋고, 필요한 곱셈식과 몫을 구하세요.

> 어떤 두 수를 곱해야 하는지 선으로 잘 연결해 봐~

1 $72 \div 8 = 9$

곱셈식 $8 \times 9 = 72$

2 $81 \div 9 = 9$

곱셈식 $9 \times 9 = 81$

3 $48 \div 6 = 8$

곱셈식 $6 \times 8 = 48$

4 $32 \div 8 = 4$

곱셈식 $8 \times 4 = 32$

5 $21 \div 3 = 7$

곱셈식 $3 \times 7 = 21$

6 $12 \div 4 = 3$

곱셈식 $4 \times 3 = 12$

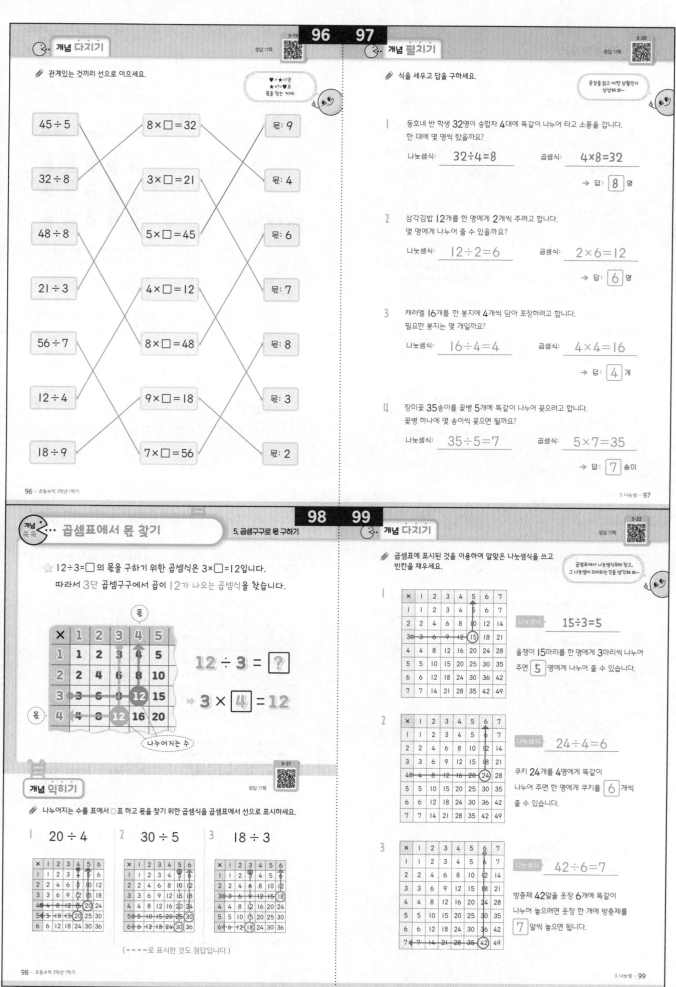

개념 마무리

1 그림을 보고 빈칸을 알맞게 채우세요.

$12 \div 4 = \boxed{3}$

(2~3)
24자루의 색연필을 친구들에게 8자루씩 나누어 주려고 합니다. 물음에 답하세요.

2 뺄셈식을 사용하여 몇 명에게 나누어 줄 수 있는지 구하세요.

식 ▶ $24 - 8 - 8 - 8 = 0$

$\boxed{3}$ 명

3 나눗셈식을 사용해 몇 명에게 나누어 줄 수 있는지 구하세요.

식 ▶ $24 \div 8 = 3$

$\boxed{3}$ 명

4 몫이 같은 것끼리 선으로 이으세요.

$32 \div 4$ $=8$
$9 \div 3$ $=3$
$56 \div 8$ $=7$

$49 \div 7$ $=7$
$18 \div 6$ $=3$
$72 \div 9$ $=8$

5 $24 \div 4$의 몫을 곱셈식을 이용하여 구하려고 할 때, 빈칸을 알맞게 채우세요.

$4 \times \boxed{6} = \boxed{24}$

6 몫의 크기를 비교하여 ○ 안에 >, =, <를 알맞게 쓰세요.

$81 \div 9 \;\bigcirc=\; 27 \div 3$
$=9 =9$

7 나눗셈식을 곱셈식으로 쓰세요.

$63 \div 7 = 9$

$\boxed{7} \times \boxed{9} = 63$

$\boxed{9} \times \boxed{7} = 63$

8 곱셈식을 나눗셈식으로 쓰세요.

$5 \times 8 = 40$

$40 \div \boxed{5} = \boxed{8}$

$40 \div \boxed{8} = \boxed{5}$

9 ○ 안에 들어갈 수가 더 큰 식의 기호를 쓰세요.

㉠ $35 \div \boxed{5} = 7$
㉡ $\boxed{6} \div 2 = 3$

▶ ㉠

(10~11)
외계인 15명이 우주선 3대에 똑같이 나누어 탔습니다. 물음에 답하세요.

10 우주선 한 대에 외계인이 몇 명 탔는지 나눗셈식으로 쓰세요.

▶ $15 \div 3 = 5$

외계인 15명을 3곳으로 나누는 문제이므로 $15 \div 3 = 5$는 맞고 $15 \div 5 = 3$은 맞지 않습니다.

11 위에서 구한 나눗셈식을 2개의 곱셈식으로 쓰세요.

▶ $3 \times 5 = 15$

▶ $5 \times 3 = 15$

12 $21 \div 7 = 3$에 대한 설명입니다. 바르게 설명한 사람의 이름을 모두 쓰세요.

선우 : 지우개 21개를 7명에게 3개씩 나누어 줄 수 있다는 이야기야.

진솔 : 곱셈식으로 바꾸면 21×7로 나타낼 수 있어.

미진 : 7단 곱셈구구로 바른 나눗셈인지 확인할 수 있어.

재영 : $21 - 7 - 7 - 7 = 0$의 방법으로도 몫이 3인 걸 알 수 있어.

▶ 선우, 미진, 재영

13 장미꽃 56송이를 7송이씩 나누어 꽃병에 꽂으려고 합니다. 필요한 꽃병은 몇 개일까요?

$56 \div 7 = 8$(개) ▶ $\boxed{8}$ 개

14 몫이 작은 것부터 차례대로 기호를 쓰세요.

㉠ $27 \div 9 = 3$ ㉡ $64 \div 8 = 8$
㉢ $35 \div 5 = 7$ ㉣ $10 \div 2 = 5$

▶ ㉠, ㉣, ㉢, ㉡

15 어떤 수를 6으로 나누었더니 몫이 4였습니다. 어떤 수는 얼마일까요?

$\square \div 6 = 4$ ▶ $\boxed{24}$
→ $6 \times 4 = \square$
어떤 수: 24

16 빈칸을 알맞게 채우세요.

÷		
54	9	6
6	3	2
9	3	

(17~18)
필요한 식을 아래의 곱셈표에 선으로 표시하면서 물음에 답하세요.

×	1	2	3	4	5	6	7	8	9
1	1	2	3	4	5	6	7	8	9
2	2	4	6	8	10	12	14	16	18
3	3	6	9	12	15	18	21	24	27
4	4	8	12	16	20	24	㉘	32	36
5	5	10	15	㉒	25	30	35	40	45
6	6	12	18	24	30	36	42	48	54
7	7	14	21	28	35	42	49	56	63
8	8	16	24	32	40	48	56	64	72
9	9	18	27	36	45	54	63	72	81

17 어느 동물원에서는 매일 바나나 20개를 고릴라 4마리에게 줍니다. 고릴라들이 바나나를 똑같이 나누어 먹는다면, 고릴라 한 마리가 하루에 먹는 바나나는 몇 개일까요?

$20 \div 4 = 5$(개) ▶ $\boxed{5}$ 개

18 이 동물원에 고릴라 3마리가 더 들어와 모두 7마리가 되었습니다. 매일 주는 바나나는 28개로 늘렸습니다. 고릴라들이 여전히 바나나를 똑같이 나누어 먹는다면, 고릴라 한 마리가 하루에 먹는 바나나는 몇 개일까요?

$28 \div 7 = 4$(개) ▶ $\boxed{4}$ 개

서술형
19 성규는 한 통에 6개씩 들어있는 사탕 6통을 사서 친구 4명에게 똑같이 나누어 주었습니다. 한 명이 받은 사탕의 개수는 몇 개인지 풀이 과정과 답을 쓰세요.

풀이 ▶ 예 한 통에 6개씩 들어있는 사탕이 6통이므로 사탕은 모두 $6 \times 6 = 36$(개)입니다. 이것을 친구 4명에게 똑같이 나누어 주면 $36 \div 4 = 9$(개)이므로 한 명이 9개씩 받을 수 있습니다.

답: $\boxed{9}$ 개

서술형
20 주혁이네 반은 28명이고, 예진이네 반은 32명입니다. 두 반을 각각 4모둠으로 나눌 때 주혁이네 반의 한 모둠과 예진이네 반의 한 모둠을 더하면 몇 명일까요?

풀이 ▶ 예 주혁이네 반은 28명이므로 4모둠으로 나누면 한 모둠에 $28 \div 4 = 7$(명)입니다. 예진이네 반은 32명이므로 4모둠으로 나누면 한 모둠에 $32 \div 4 = 8$(명)입니다. 따라서 주혁이네 반의 한 모둠과 예진이네 반의 한 모둠을 더하면 $7 + 8 = 15$(명)입니다.

답: $\boxed{15}$ 명

4. 곱셈

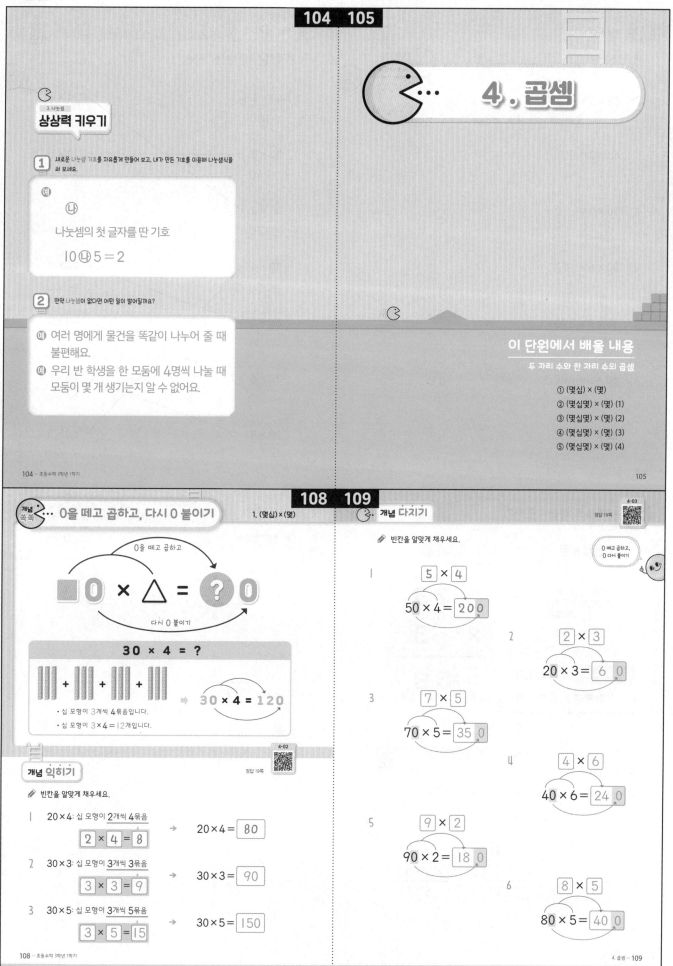

104   105

상상력 키우기
3. 나눗셈

1 새로운 나눗셈 기호를 자유롭게 만들어 보고, 내가 만든 기호를 이용해 나눗셈식을 써 보세요.

예

⊕

나눗셈의 첫 글자를 딴 기호

10 ⊕ 5 = 2

2 만약 나눗셈이 없다면 어떤 일이 벌어질까요?

예 여러 명에게 물건을 똑같이 나누어 줄 때 불편해요.

예 우리 반 학생을 한 모둠에 4명씩 나눌 때 모둠이 몇 개 생기는지 알 수 없어요.

4. 곱셈

이 단원에서 배울 내용
두 자리 수와 한 자리 수의 곱셈

① (몇십) × (몇)
② (몇십몇) × (몇) (1)
③ (몇십몇) × (몇) (2)
④ (몇십몇) × (몇) (3)
⑤ (몇십몇) × (몇) (4)

---

108   109

0을 떼고 곱하고, 다시 0 붙이기
1. (몇십) × (몇)

0을 떼고 곱하고

■ 0 × △ = ? 0

다시 0 붙이기

30 × 4 = ?

||| + ||| + ||| + ||| ⇨ 30 × 4 = 120

• 십 모형이 3개씩 4묶음입니다.
• 십 모형이 3 × 4 = 12개입니다.

개념 익히기
4-02
정답 19쪽

✏ 빈칸을 알맞게 채우세요.

1 20×4: 십 모형이 2개씩 4묶음
2 × 4 = 8   →   20×4 = 80

2 30×3: 십 모형이 3개씩 3묶음
3 × 3 = 9   →   30×3 = 90

3 30×5: 십 모형이 3개씩 5묶음
3 × 5 = 15   →   30×5 = 150

개념 다지기
4-03
정답 19쪽

✏ 빈칸을 알맞게 채우세요.

0 떼고 곱하고,
0 다시 붙이기

1   5 × 4
50 × 4 = 200

2   2 × 3
20 × 3 = 6 0

3   7 × 5
70 × 5 = 35 0

4   4 × 6
40 × 6 = 24 0

5   9 × 2
90 × 2 = 18 0

6   8 × 5
80 × 5 = 40 0

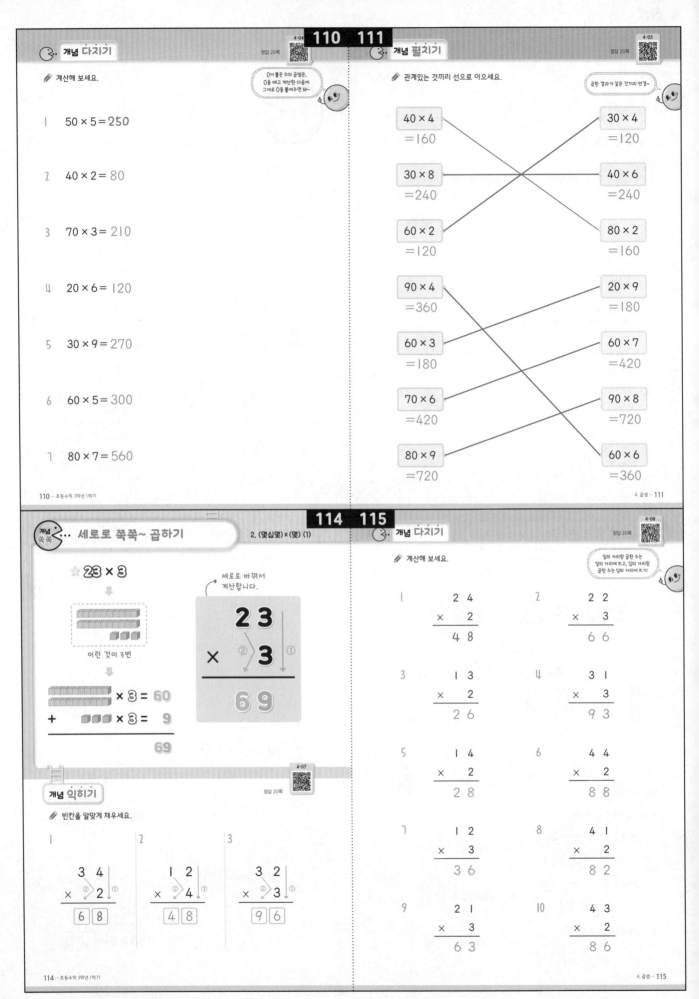

개념 다지기

4-04 정답 20쪽

✏️ 계산해 보세요.

> 0이 붙은 수의 곱셈은, 0을 떼고 계산한 다음에 그대로 0을 붙여주면 돼~

1 $50 \times 5 = 250$

2 $40 \times 2 = 80$

3 $70 \times 3 = 210$

4 $20 \times 6 = 120$

5 $30 \times 9 = 270$

6 $60 \times 5 = 300$

7 $80 \times 7 = 560$

개념 펼치기

4-05 정답 20쪽

✏️ 관계있는 것끼리 선으로 이으세요.

> 곱한 결과가 같은 것끼리 연결~

$40 \times 4 = 160$ — $30 \times 4 = 120$

$30 \times 8 = 240$ — $40 \times 6 = 240$

$60 \times 2 = 120$ — $80 \times 2 = 160$

$90 \times 4 = 360$ — $20 \times 9 = 180$

$60 \times 3 = 180$ — $60 \times 7 = 420$

$70 \times 6 = 420$ — $90 \times 8 = 720$

$80 \times 9 = 720$ — $60 \times 6 = 360$

세로로 쭉쭉~ 곱하기

2. (몇십몇) × (몇) (1)

☆ 23×3

이런 것이 3번

$\times 3 = 60$

$+ \times 3 = 9$

69

세로로 바꿔서 계산합니다.

$$\begin{array}{r} 2\,3 \\ \times \quad 3 \\ \hline 6\,9 \end{array}$$

개념 익히기

4-07 정답 20쪽

✏️ 빈칸을 알맞게 채우세요.

1
$$\begin{array}{r} 3\,4 \\ \times \quad 2 \\ \hline 6\,8 \end{array}$$

2
$$\begin{array}{r} 1\,2 \\ \times \quad 4 \\ \hline 4\,8 \end{array}$$

3
$$\begin{array}{r} 3\,2 \\ \times \quad 3 \\ \hline 9\,6 \end{array}$$

개념 다지기

4-08 정답 20쪽

✏️ 계산해 보세요.

> 일의 자리랑 곱한 수는 일의 자리에 쓰고, 십의 자리랑 곱한 수는 십의 자리에 쓰기

1
$$\begin{array}{r} 2\,4 \\ \times \quad 2 \\ \hline 4\,8 \end{array}$$

2
$$\begin{array}{r} 2\,2 \\ \times \quad 3 \\ \hline 6\,6 \end{array}$$

3
$$\begin{array}{r} 1\,3 \\ \times \quad 2 \\ \hline 2\,6 \end{array}$$

4
$$\begin{array}{r} 3\,1 \\ \times \quad 3 \\ \hline 9\,3 \end{array}$$

5
$$\begin{array}{r} 1\,4 \\ \times \quad 2 \\ \hline 2\,8 \end{array}$$

6
$$\begin{array}{r} 4\,4 \\ \times \quad 2 \\ \hline 8\,8 \end{array}$$

7
$$\begin{array}{r} 1\,2 \\ \times \quad 3 \\ \hline 3\,6 \end{array}$$

8
$$\begin{array}{r} 4\,1 \\ \times \quad 2 \\ \hline 8\,2 \end{array}$$

9
$$\begin{array}{r} 2\,1 \\ \times \quad 3 \\ \hline 6\,3 \end{array}$$

10
$$\begin{array}{r} 4\,3 \\ \times \quad 2 \\ \hline 8\,6 \end{array}$$

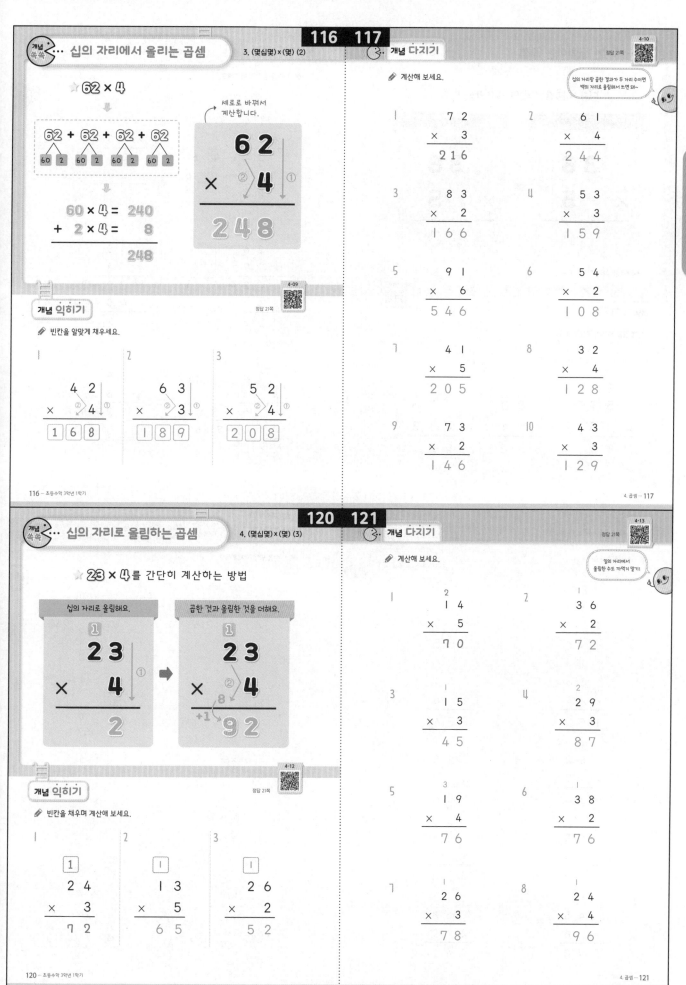

개념 쏙쏙 … 십의 자리에서 올리는 곱셈

3. (몇십몇) × (몇) (2)

★ 62 × 4

62 + 62 + 62 + 62

60×4 = 240
+ 2×4 = 8
248

세로로 바꿔서
계산합니다.

$$\begin{array}{r} 62 \\ \times\ 4 \\ \hline 248 \end{array}$$

개념 익히기

빈칸을 알맞게 채우세요.

1
$$\begin{array}{r} 42 \\ \times\ 4 \\ \hline 168 \end{array}$$

2
$$\begin{array}{r} 63 \\ \times\ 3 \\ \hline 189 \end{array}$$

3
$$\begin{array}{r} 52 \\ \times\ 4 \\ \hline 208 \end{array}$$

116 — 초등수학 3학년 1학기

개념 다지기

계산해 보세요.

십의 자리랑 곱한 결과가 두 자리 수이면 백의 자리로 올림해서 쓰면 돼~

1
$$\begin{array}{r} 72 \\ \times\ 3 \\ \hline 216 \end{array}$$

2
$$\begin{array}{r} 61 \\ \times\ 4 \\ \hline 244 \end{array}$$

3
$$\begin{array}{r} 83 \\ \times\ 2 \\ \hline 166 \end{array}$$

4
$$\begin{array}{r} 53 \\ \times\ 3 \\ \hline 159 \end{array}$$

5
$$\begin{array}{r} 91 \\ \times\ 6 \\ \hline 546 \end{array}$$

6
$$\begin{array}{r} 54 \\ \times\ 2 \\ \hline 108 \end{array}$$

7
$$\begin{array}{r} 41 \\ \times\ 5 \\ \hline 205 \end{array}$$

8
$$\begin{array}{r} 32 \\ \times\ 4 \\ \hline 128 \end{array}$$

9
$$\begin{array}{r} 73 \\ \times\ 2 \\ \hline 146 \end{array}$$

10
$$\begin{array}{r} 43 \\ \times\ 3 \\ \hline 129 \end{array}$$

4. 곱셈 — 117

개념 쏙쏙 … 십의 자리로 올림하는 곱셈

4. (몇십몇) × (몇) (3)

★ 23 × 4 를 간단히 계산하는 방법

십의 자리로 올림해요.

$$\begin{array}{r} 23 \\ \times\ 4 \\ \hline 2 \end{array}$$

곱한 것과 올림한 것을 더해요.

$$\begin{array}{r} 23 \\ \times\ 4 \\ \hline 92 \end{array}$$

개념 익히기

빈칸을 채우며 계산해 보세요.

1
$$\begin{array}{r} 24 \\ \times\ 3 \\ \hline 72 \end{array}$$

2
$$\begin{array}{r} 13 \\ \times\ 5 \\ \hline 65 \end{array}$$

3
$$\begin{array}{r} 26 \\ \times\ 2 \\ \hline 52 \end{array}$$

120 — 초등수학 3학년 1학기

개념 다지기

계산해 보세요.

일의 자리에서 올림한 수도 까먹지 말기!

1
$$\begin{array}{r} 14 \\ \times\ 5 \\ \hline 70 \end{array}$$

2
$$\begin{array}{r} 36 \\ \times\ 2 \\ \hline 72 \end{array}$$

3
$$\begin{array}{r} 15 \\ \times\ 3 \\ \hline 45 \end{array}$$

4
$$\begin{array}{r} 29 \\ \times\ 3 \\ \hline 87 \end{array}$$

5
$$\begin{array}{r} 19 \\ \times\ 4 \\ \hline 76 \end{array}$$

6
$$\begin{array}{r} 38 \\ \times\ 2 \\ \hline 76 \end{array}$$

7
$$\begin{array}{r} 26 \\ \times\ 3 \\ \hline 78 \end{array}$$

8
$$\begin{array}{r} 24 \\ \times\ 4 \\ \hline 96 \end{array}$$

4. 곱셈 — 121

정답 및 해설

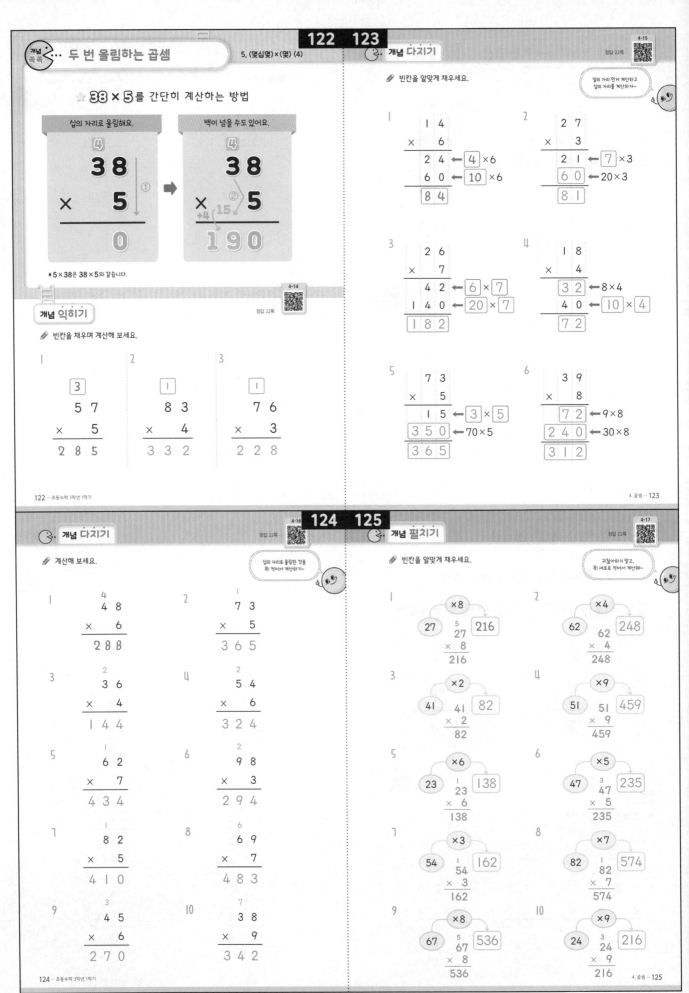

122 123

개념 속속 ··· 두 번 올림하는 곱셈

5. (몇십몇)×(몇) (4)

☆ **38 × 5**를 간단히 계산하는 방법

십의 자리로 올림해요.

$$\begin{array}{r} 3\,8 \\ \times\quad 5 \\ \hline 0 \end{array}$$

백이 넘을 수도 있어요.

$$\begin{array}{r} 3\,8 \\ \times\quad 5 \\ \hline 1\,9\,0 \end{array}$$

✽ 5×38은 38×5와 같습니다.

개념 익히기

✎ 빈칸을 채우며 계산해 보세요.

1.
$$\begin{array}{r} 3 \\ 5\,7 \\ \times\quad 5 \\ \hline 2\,8\,5 \end{array}$$

2.
$$\begin{array}{r} 1 \\ 8\,3 \\ \times\quad 4 \\ \hline 3\,3\,2 \end{array}$$

3.
$$\begin{array}{r} 1 \\ 7\,6 \\ \times\quad 3 \\ \hline 2\,2\,8 \end{array}$$

개념 다지기

✎ 빈칸을 알맞게 채우세요.

> 일의 자리 먼저 계산하고 십의 자리를 계산하자~

1.
$$\begin{array}{r} 1\,4 \\ \times\quad 6 \\ \hline 2\,4 \leftarrow \boxed{4}\times 6 \\ 6\,0 \leftarrow \boxed{10}\times 6 \\ \hline 8\,4 \end{array}$$

2.
$$\begin{array}{r} 2\,7 \\ \times\quad 3 \\ \hline 2\,1 \leftarrow \boxed{7}\times 3 \\ 6\,0 \leftarrow 20\times 3 \\ \hline 8\,1 \end{array}$$

3.
$$\begin{array}{r} 2\,6 \\ \times\quad 7 \\ \hline 4\,2 \leftarrow \boxed{6}\times \boxed{7} \\ 1\,4\,0 \leftarrow \boxed{20}\times 7 \\ \hline 1\,8\,2 \end{array}$$

4.
$$\begin{array}{r} 1\,8 \\ \times\quad 4 \\ \hline 3\,2 \leftarrow 8\times 4 \\ 4\,0 \leftarrow \boxed{10}\times \boxed{4} \\ \hline 7\,2 \end{array}$$

5.
$$\begin{array}{r} 7\,3 \\ \times\quad 5 \\ \hline 1\,5 \leftarrow \boxed{3}\times \boxed{5} \\ \boxed{3\,5\,0} \leftarrow 70\times 5 \\ \hline \boxed{3\,6\,5} \end{array}$$

6.
$$\begin{array}{r} 3\,9 \\ \times\quad 8 \\ \hline \boxed{7\,2} \leftarrow 9\times 8 \\ \boxed{2\,4\,0} \leftarrow 30\times 8 \\ \hline \boxed{3\,1\,2} \end{array}$$

---

124 125

개념 다지기

✎ 계산해 보세요.

> 십의 자리로 올림한 것을 꼭! 적어서 계산하기~

1.
$$\begin{array}{r} 4 \\ 4\,8 \\ \times\quad 6 \\ \hline 2\,8\,8 \end{array}$$

2.
$$\begin{array}{r} 1 \\ 7\,3 \\ \times\quad 5 \\ \hline 3\,6\,5 \end{array}$$

3.
$$\begin{array}{r} 2 \\ 3\,6 \\ \times\quad 4 \\ \hline 1\,4\,4 \end{array}$$

4.
$$\begin{array}{r} 2 \\ 5\,4 \\ \times\quad 6 \\ \hline 3\,2\,4 \end{array}$$

5.
$$\begin{array}{r} 1 \\ 6\,2 \\ \times\quad 7 \\ \hline 4\,3\,4 \end{array}$$

6.
$$\begin{array}{r} 2 \\ 9\,8 \\ \times\quad 3 \\ \hline 2\,9\,4 \end{array}$$

7.
$$\begin{array}{r} 1 \\ 8\,2 \\ \times\quad 5 \\ \hline 4\,1\,0 \end{array}$$

8.
$$\begin{array}{r} 6 \\ 6\,9 \\ \times\quad 7 \\ \hline 4\,8\,3 \end{array}$$

9.
$$\begin{array}{r} 3 \\ 4\,5 \\ \times\quad 6 \\ \hline 2\,7\,0 \end{array}$$

10.
$$\begin{array}{r} 7 \\ 3\,8 \\ \times\quad 9 \\ \hline 3\,4\,2 \end{array}$$

개념 펼치기

✎ 빈칸을 알맞게 채우세요.

> 귀찮아하지 말고, 꼭! 세로로 적어서 계산해~

1. 27 ×8 → 216
$$\begin{array}{r} 5 \\ 2\,7 \\ \times\quad 8 \\ \hline 2\,1\,6 \end{array}$$

2. 62 ×4 → 248
$$\begin{array}{r} 6\,2 \\ \times\quad 4 \\ \hline 2\,4\,8 \end{array}$$

3. 41 ×2 → 82
$$\begin{array}{r} 4\,1 \\ \times\quad 2 \\ \hline 8\,2 \end{array}$$

4. 51 ×9 → 459
$$\begin{array}{r} 5\,1 \\ \times\quad 9 \\ \hline 4\,5\,9 \end{array}$$

5. 23 ×6 → 138
$$\begin{array}{r} 1 \\ 2\,3 \\ \times\quad 6 \\ \hline 1\,3\,8 \end{array}$$

6. 47 ×5 → 235
$$\begin{array}{r} 3 \\ 4\,7 \\ \times\quad 5 \\ \hline 2\,3\,5 \end{array}$$

7. 54 ×3 → 162
$$\begin{array}{r} 1 \\ 5\,4 \\ \times\quad 3 \\ \hline 1\,6\,2 \end{array}$$

8. 82 ×7 → 574
$$\begin{array}{r} 1 \\ 8\,2 \\ \times\quad 7 \\ \hline 5\,7\,4 \end{array}$$

9. 67 ×8 → 536
$$\begin{array}{r} 5 \\ 6\,7 \\ \times\quad 8 \\ \hline 5\,3\,6 \end{array}$$

10. 24 ×9 → 216
$$\begin{array}{r} 3 \\ 2\,4 \\ \times\quad 9 \\ \hline 2\,1\,6 \end{array}$$

개념 펼치기

4-18
정답 23쪽

식을 세우고 빈칸을 알맞게 채우세요.

□×△=△×□니까
(한 자리)×(두 자리)는
(두 자리)×(한 자리)로 계산할 수 있어!

1 한 묶음에 20장씩 들어있는 색종이를 3묶음 샀습니다.
산 색종이는 모두 몇 장일까요?

→ 곱셈식: 20×3=60 → 답: 60 장

2 모둠 4개에 색연필을 각각 14자루씩 나누어 주었습니다.
나누어 준 색연필은 모두 몇 자루일까요?

```
  1
  1 4
× 4
  5 6
```
→ 곱셈식: 14×4=56 → 답: 56 자루

3 한 상자에 24봉지씩 들어있는 과자가 6상자 있습니다.
과자는 모두 몇 봉지일까요?

```
  2
  2 4
× 6
1 4 4
```
→ 곱셈식: 24×6=144 → 답: 144 봉지

4 젤리 25개를 한 주머니에 담아서 젤리 주머니를 만들려고 합니다.
젤리 주머니 9개를 만들려면 필요한 젤리는 모두 몇 개일까요?

```
  4
  2 5
× 9
2 2 5
```
→ 곱셈식: 25×9=225 → 답: 225 개

5 껌 한 상자에는 껌이 25통 들어있고, 껌 한 통에는 껌이 5개씩 들어있습니다.
껌 한 상자에는 껌이 모두 몇 개 들어있을까요?

```
  2
  2 5
× 5
1 2 5
```
→ 곱셈식: 5×25=125 → 답: 125 개

6 연필꽂이 한 개에 연필을 36자루 꽂을 수 있습니다.
연필꽂이가 7개 있다면, 꽂을 수 있는 연필은 모두 몇 자루일까요?

```
  4
  3 6
× 7
2 5 2
```
→ 곱셈식: 36×7=252 → 답: 252 자루

7 연희가 기르는 거북이는 한 달 동안 새우 17마리를 먹습니다.
그 거북이가 8달 동안 먹는 새우는 몇 마리일까요?

```
  5
  1 7
× 8
1 3 6
```
→ 곱셈식: 17×8=136 → 답: 136 마리

8 음료수 한 병을 종이컵에 따르면, 6잔에 가득 찹니다.
음료수 28병을 종이컵에 가득 따른다면 몇 잔에 따를 수 있을까요?

```
  4
  2 8
× 6
1 6 8
```
→ 곱셈식: 28×6=168 → 답: 168 잔

개념 마무리

4. 곱셈

정답 23쪽

1 계란이 30개씩 5판 있습니다. 계란의 전체 개수를 구하세요.

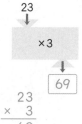

30×5= 150 개

2 빈칸을 알맞게 채우세요.

23
↓
×3
↓
69

```
  2 3
×   3
  6 9
```

3 두 수의 곱을 빈칸에 쓰세요.

57	4
228	

```
    5 7
×     4
  2 2 8
```

4 빈칸을 알맞게 채우세요.

```
    3 6
×     3
  1 8  ← 6 ×3
  9 0  ← 30× 3
1 0 8
```

5 계산 결과를 비교하여 ○ 안에 >, =, <를 알맞게 쓰세요.

26×8 < 45×5

```
    4
  2 6
×   8
2 0 8
```
```
    2
  4 5
×   5
2 2 5
```

6 곱셈식의 2 가 실제로 나타내는 수는 얼마일까요?

```
    2
  3 4
×   7
2 3 8
```

20

7 계산해 보세요.

```
    4
  5 8
×   6
3 4 8
```

8 은비네 과수원에는 감나무가 한 줄에 43그루씩 3줄 있습니다. 감나무는 모두 몇 그루일까요?

129 그루

43×3=129(그루)
```
    4 3
×     3
  1 2 9
```

9 시계의 긴바늘이 한 바퀴 도는 데 걸리는 시간은 60분입니다. 긴바늘이 4바퀴 도는 데 걸리는 시간은 몇 분일까요?

240 분

60×4=240(분)

10 빈칸을 알맞게 채우세요.

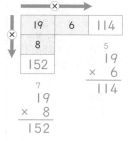

×↓	19	6	114
	8		
	152		

```
    1 9
×     6
  1 1 4
```
```
    7
  1 9
×   8
1 5 2
```

11 잘못된 곳을 찾아 바르게 계산해 보세요.

$$\begin{array}{r} 2\;3 \\ \times\quad 5 \\ \hline 1\;0\;5 \end{array} \rightarrow \begin{array}{r} 2\;3 \\ \times\quad 5 \\ \hline 1\;1\;5 \end{array}$$

14 빈칸을 알맞게 채우세요.

$$\begin{array}{r} {\scriptstyle 4} \\ 2\;\boxed{6} \\ \times\quad 7 \\ \hline \boxed{1}\;\boxed{8}\;2 \end{array}$$

12 $\begin{array}{r}{\scriptstyle 1}\\37\\ \times\; 2\\ \hline 74\end{array}$ $\begin{array}{r}{\scriptstyle 1}\\74\\ \times\; 4\\ \hline 296\end{array}$

12 빈칸을 알맞게 채우세요.

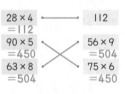

37 → 74 → 296

15 수 카드 3 5 7 을 한 번씩만 사용
하여 (두 자리 수)×(한 자리 수)의 곱셈
식을 만들려고 합니다. 계산 결과가 가장
큰 곱셈식을 만들고 계산하세요.

➡ $53 \times 7 = 371$

15 ① $\begin{array}{r}{\scriptstyle 3}\\35\\ \times\; 7\\ \hline 245\end{array}$ ② $\begin{array}{r}{\scriptstyle 3}\\37\\ \times\; 5\\ \hline 185\end{array}$ ③ $\begin{array}{r}{\scriptstyle 2}\\53\\ \times\; 7\\ \hline 371\end{array}$

④ $\begin{array}{r}{\scriptstyle 2}\\57\\ \times\; 3\\ \hline 171\end{array}$ ⑤ $\begin{array}{r}{\scriptstyle 1}\\73\\ \times\; 5\\ \hline 365\end{array}$ ⑥ $\begin{array}{r}{\scriptstyle 1}\\75\\ \times\; 3\\ \hline 225\end{array}$

6가지 경우 중 곱이 가장 큰 경우는
$53 \times 7 = 371$입니다.

13 ㉠ $\begin{array}{r}{\scriptstyle 5}\\17\\ \times\; 8\\ \hline 136\end{array}$ ㉡ $\begin{array}{r}{\scriptstyle 2}\\24\\ \times\; 6\\ \hline 144\end{array}$

㉢ $\begin{array}{r}{\scriptstyle 3}\\38\\ \times\; 4\\ \hline 152\end{array}$ ㉣ $\begin{array}{r}41\\ \times\; 3\\ \hline 123\end{array}$

13 계산 결과가 큰 것부터 차례대로 기호를
쓰세요.

㉠ 17×8 ㉡ 24×6
$=136$ $=144$
㉢ 38×4 ㉣ 41×3
$=152$ $=123$

➡ ㉢, ㉡, ㉠, ㉣

16 빈칸에 들어갈 수 있는 수를 찾아 모두
○표 하세요.

① ② ③ 4 5

$49 \times 3 > 38 \times \boxed{}$
$= 147$

16 $\begin{array}{r}{\scriptstyle 2}\\49\\ \times\; 3\\ \hline 147\end{array}$ $\begin{array}{r}{\scriptstyle 2}\\38\\ \times\; 3\\ \hline 114\end{array}$ $\begin{array}{r}{\scriptstyle 3}\\38\\ \times\; 4\\ \hline 152\end{array}$

$38 \times \square$가 147보다 작아야 하고,
$38 \times 4 = 152$, $38 \times 3 = 114$이므로
38×1, 38×2, 38×3은 모두
147보다 작습니다.

4. 곱셈 **131**

정답 24쪽

17 $\begin{array}{r}{\scriptstyle 3}\\28\\ \times\; 4\\ \hline 112\end{array}$ $\begin{array}{r}{\scriptstyle 5}\\56\\ \times\; 9\\ \hline 504\end{array}$

$\begin{array}{r}{\scriptstyle 2}\\63\\ \times\; 8\\ \hline 504\end{array}$ $\begin{array}{r}{\scriptstyle 3}\\75\\ \times\; 6\\ \hline 450\end{array}$

17 관계있는 것끼리 선으로 이으세요.

28×4 = 112 ── 112
90×5 = 450
63×8 = 504 ╳ 56×9 = 504
75×6 = 450

서술형

19 힘찬 공장에서는 한 시간에 자동차를
28대 만들고, 쌩쌩 공장에서는 한 시간
에 자동차를 31대 만듭니다. 두 공장에
서 3시간 동안 만든 자동차는 몇 대인지
풀이 과정을 쓰고 답을 구하세요.

풀이 ➡ 예 힘찬 공장에서 3시간 동안
만든 자동차는 $28 \times 3 = 84$(대)이고,
쌩쌩 공장에서 3시간 동안 만든
자동차는 $31 \times 3 = 93$(대)입니다.
두 공장에서 3시간 동안 만든
자동차는 모두 합해 $84 + 93 =$
177(대)입니다.

답: 177 대

19 $\begin{array}{r}{\scriptstyle 2}\\28\\ \times\; 3\\ \hline 84\end{array}$ $\begin{array}{r}31\\ \times\; 3\\ \hline 93\end{array}$ $\begin{array}{r}{\scriptstyle 1}\\84\\ +\; 93\\ \hline 177\end{array}$

18 $\begin{array}{r}73\\ \times\; 3\\ \hline 219\end{array}$ $\begin{array}{r}{\scriptstyle 1}\\32\\ \times\; 9\\ \hline 288\end{array}$

→ $288 - 219 = 69$

$\begin{array}{r}{\scriptstyle 7\;10}\\2\;8\;8\\ -2\;1\;9\\ \hline 6\;9\end{array}$

18 두 곱의 차를 구하세요.

73×3 32×9

➡ 69

서술형

20 은율이의 나이는 10살이고 은영이의 나
이는 은율이보다 3살 많습니다. 은율이
아버지의 나이는 은영이 나이의 4배일
때 은율이 아버지의 나이는 얼마인지 풀
이 과정을 쓰고 답을 구하세요.

풀이 ➡ 예 은영이의 나이는
은율이보다 3살 많으므로,
은영이의 나이는 $10 + 3 = 13$(살)
입니다. 은율이 아버지의 나이는
은영이 나이의 4배이므로,
$13 \times 4 = 52$(살)입니다.

답: 52 살

20 $\begin{array}{r}{\scriptstyle 1}\\13\\ \times\; 4\\ \hline 52\end{array}$

132　133

5. 길이와 시간

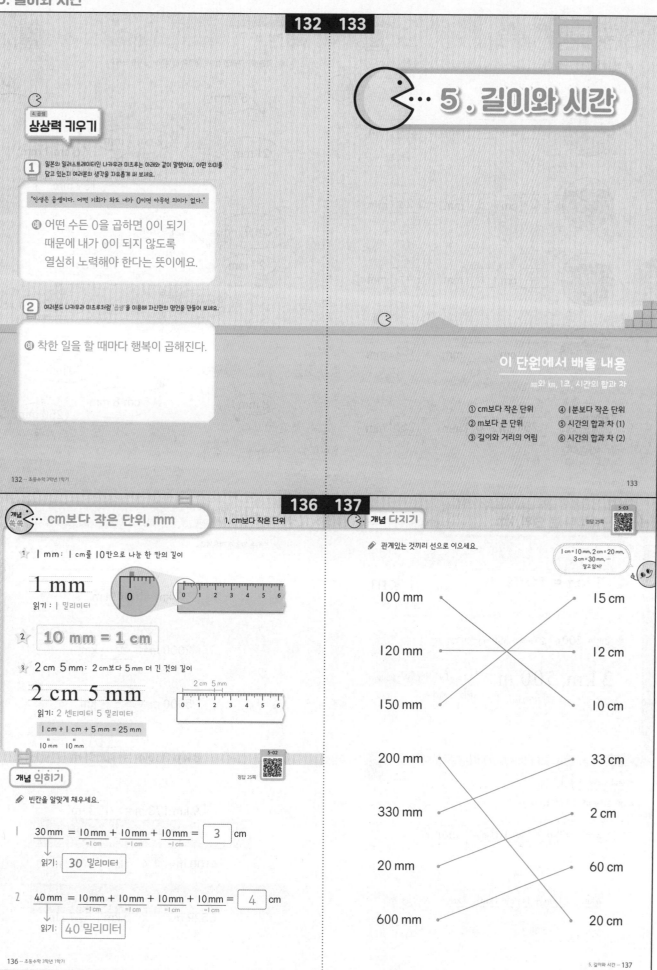

4. 곱셈
상상력 키우기

1 일본의 일러스트레이터인 나카무라 미츠루는 아래와 같이 말했어요. 어떤 의미를 담고 있는지 여러분의 생각을 자유롭게 써 보세요.

"인생은 곱셈이다. 어떤 기회가 와도 내가 0이면 아무런 의미가 없다."

예 어떤 수든 0을 곱하면 0이 되기 때문에 내가 0이 되지 않도록 열심히 노력해야 한다는 뜻이에요.

2 여러분도 나카무라 미츠루처럼 '곱셈'을 이용해 자신만의 명언을 만들어 보세요.

예 착한 일을 할 때마다 행복이 곱해진다.

이 단원에서 배울 내용

mm와 km, 1초, 시간의 합과 차

① cm보다 작은 단위　④ 1분보다 작은 단위
② m보다 큰 단위　⑤ 시간의 합과 차 (1)
③ 길이와 거리의 어림　⑥ 시간의 합과 차 (2)

132 ― 초등수학 3학년 1학기

133

136　137

개념 쏙쏙 **cm보다 작은 단위, mm**　1. cm보다 작은 단위

1 1 mm : 1 cm를 10칸으로 나눈 한 칸의 길이

1 mm
읽기 : 1 밀리미터

2 **10 mm = 1 cm**

3 2 cm 5 mm : 2 cm보다 5 mm 더 긴 것의 길이

2 cm 5 mm
읽기 : 2 센티미터 5 밀리미터
1 cm + 1 cm + 5 mm = 25 mm
　10 mm　10 mm

5-02

개념 익히기

🖊 빈칸을 알맞게 채우세요.

1　$\dfrac{30\,mm}{} = \underset{=1\,cm}{10\,mm} + \underset{=1\,cm}{10\,mm} + \underset{=1\,cm}{10\,mm} = \boxed{3}$ cm

읽기 : $\boxed{30}$ 밀리미터

2　$\dfrac{40\,mm}{} = \underset{=1\,cm}{10\,mm} + \underset{=1\,cm}{10\,mm} + \underset{=1\,cm}{10\,mm} + \underset{=1\,cm}{10\,mm} = \boxed{4}$ cm

읽기 : $\boxed{40}$ 밀리미터

136 ― 초등수학 3학년 1학기

개념 **다지기**　5-03
정답 25쪽

🖊 관계있는 것끼리 선으로 이으세요.

1 cm = 10 mm, 2 cm = 20 mm, 3 cm = 30 mm, … 알고 있지?

100 mm ――――――― 15 cm
120 mm ――――――― 12 cm
150 mm ――――――― 10 cm

200 mm ――――――― 33 cm
330 mm ――――――― 2 cm
20 mm ――――――― 60 cm
600 mm ――――――― 20 cm

5. 길이와 시간 ― 137

정답 및 해설

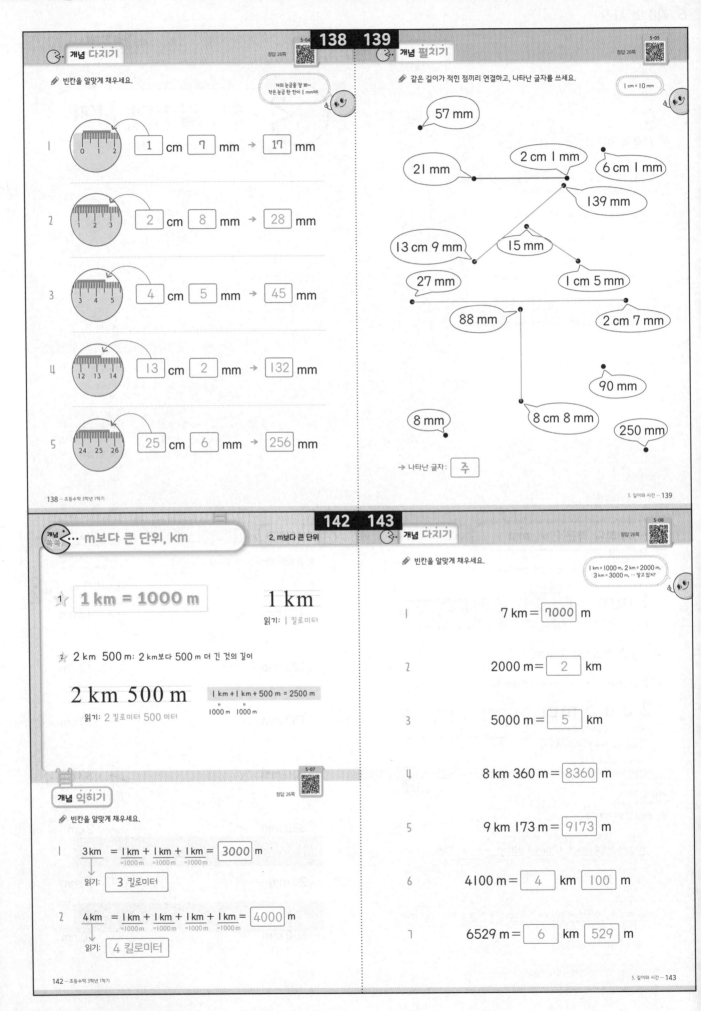

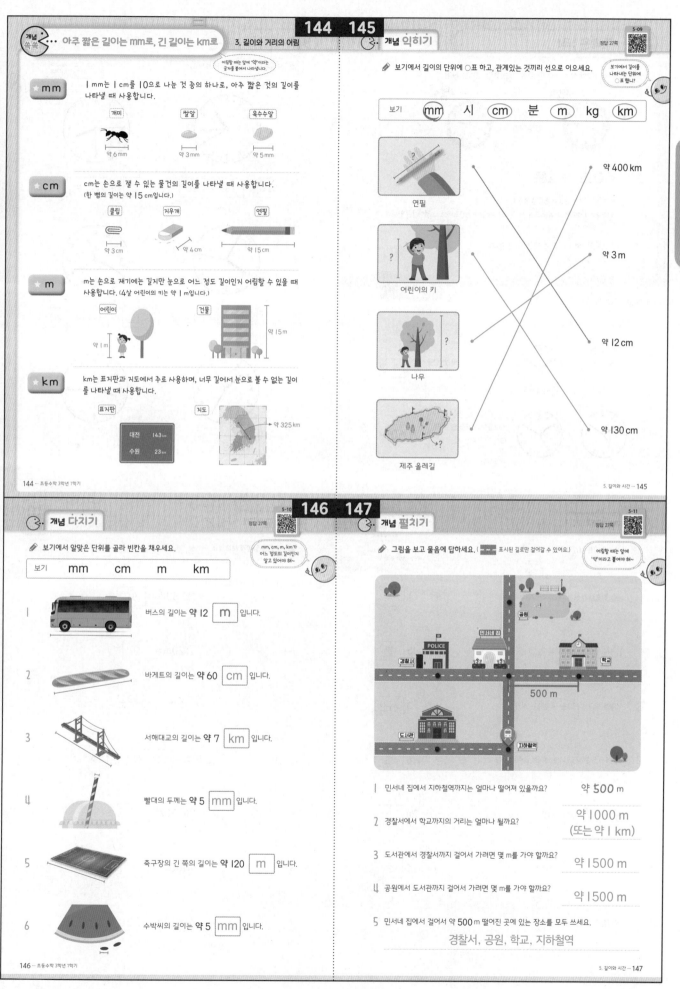

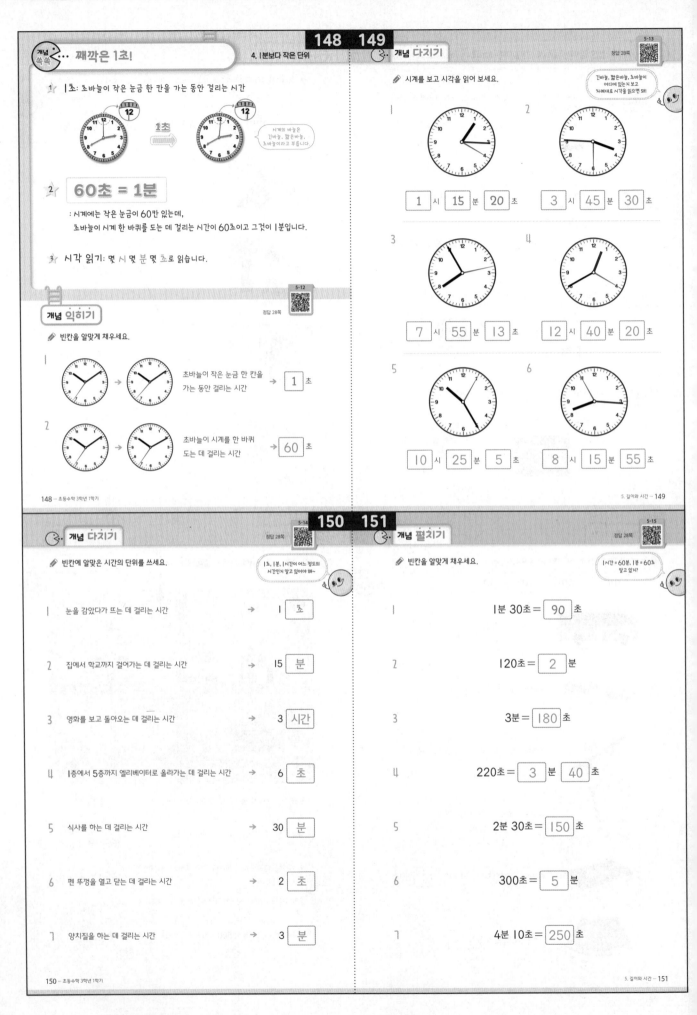

148 149

개념쏙쏙 ··· 깨깍은 1초!

4. 1분보다 작은 단위

1. 1초: 초바늘이 작은 눈금 한 칸을 가는 동안 걸리는 시간

1초

시계의 바늘은 긴바늘, 짧은바늘, 초바늘이라고 부릅니다.

2. **60초 = 1분**

: 시계에는 작은 눈금이 60칸 있는데, 초바늘이 시계 한 바퀴를 도는 데 걸리는 시간이 60초이고 그것이 1분입니다.

3. 시각 읽기: 몇 시 몇 분 몇 초로 읽습니다.

5-12

개념 익히기

🖊 빈칸을 알맞게 채우세요.

1   초바늘이 작은 눈금 한 칸을 가는 동안 걸리는 시간 → **1** 초

2   초바늘이 시계를 한 바퀴 도는 데 걸리는 시간 → **60** 초

148 ― 초등수학 3학년 1학기

개념 다지기

5-13

🖊 시계를 보고 시각을 읽어 보세요.

긴바늘, 짧은바늘, 초바늘이 어디에 있는지 보고 차례대로 시각을 읽으면 돼!

1   **1** 시 **15** 분 **20** 초

2   **3** 시 **45** 분 **30** 초

3   **7** 시 **55** 분 **13** 초

4   **12** 시 **40** 분 **20** 초

5   **10** 시 **25** 분 **5** 초

6   **8** 시 **15** 분 **55** 초

5. 길이와 시간 ― 149

150 151

개념 다지기

5-14

🖊 빈칸에 알맞은 시간의 단위를 쓰세요.

1초, 1분, 1시간이 어느 정도의 시간인지 알고 있어야 해~

1   눈을 감았다가 뜨는 데 걸리는 시간 → 1 **초**

2   집에서 학교까지 걸어가는 데 걸리는 시간 → 15 **분**

3   영화를 보고 돌아오는 데 걸리는 시간 → 3 **시간**

4   1층에서 5층까지 엘리베이터로 올라가는 데 걸리는 시간 → 6 **초**

5   식사를 하는 데 걸리는 시간 → 30 **분**

6   펜 뚜껑을 열고 닫는 데 걸리는 시간 → 2 **초**

7   양치질을 하는 데 걸리는 시간 → 3 **분**

150 ― 초등수학 3학년 1학기

개념 펼치기

5-15

🖊 빈칸을 알맞게 채우세요.

1시간 = 60분, 1분 = 60초 알고 있지?

1   1분 30초 = **90** 초

2   120초 = **2** 분

3   3분 = **180** 초

4   220초 = **3** 분 **40** 초

5   2분 30초 = **150** 초

6   300초 = **5** 분

7   4분 10초 = **250** 초

5. 길이와 시간 ― 151

개념 쏙쏙 ··· 같은 단위끼리 계산

5. 시간의 합과 차 (1)

154 155

1단계 각 단위에 맞춰 세로로 쓰기

2단계 시는 시끼리, 분은 분끼리, 초는 초끼리 계산

```
    31 분  12 초          3 시  10 분  31 초
+   14 분   8 초      −   1 시간  4 분  24 초
──────────────       ─────────────────────
    45 분  20 초          2 시   6 분   7 초
```

✳ 오후 1시는 13시, 오후 2시는 14시, ···, 밤 12시는 24시로 부르기도 합니다.

정심 거녁 밤
12시 1시 2시 3시 4시 5시 6시 7시 8시 9시 10시 11시 12시
     13시 14시 15시 16시 17시 18시 19시 20시 21시 22시 23시 24시

개념 익히기

정답 29쪽 5-17

🖉 계산해 보세요.

1
```
    3 분  20 초
+   1 분  15 초
──────────────
    4 분  35 초
```

2
```
    10 분  25 초
+    5 분  15 초
──────────────
    15 분  40 초
```

3
```
    25 분  45 초
−    7 분  28 초
──────────────
    18 분  17 초
```

154 — 초등수학 3학년 1학기

개념 다지기

정답 29쪽 5-18

🖉 시계를 알맞게 그리고, 시각을 구하세요.

'후'는 시간을 더하게
'전'은 시간을 빼기

1
→ 1분 30초 후
```
    11 시  20 분  10 초
+           1 분  30 초
────────────────────────
    11 시  21 분  40 초
```

2
→ 1분 10초 후
```
    10 시  10 분  35 초
+           1 분  10 초
────────────────────────
    10 시  11 분  45 초
```

3
→ 1분 5초 전
```
     3 시  50 분  25 초
−           1 분   5 초
────────────────────────
     3 시  49 분  20 초
```

4
→ 2시간 5분 15초 전
```
     8 시  35 분  20 초
−   2 시간  5 분  15 초
────────────────────────
     6 시  30 분   5 초
```

5. 길이와 시간 — 155

개념 쏙쏙 ··· 60을 받아올림, 받아내림

6. 시간의 합과 차 (2)

156 157

☆ 시간의 합에서 받아올림

60초=1분, 60분=1시간이므로 60을 1로 받아올림합니다.

```
    2 시간  50 분  43 초
+   1 시간  20 분  30 초
────────────────────────
    3 시간  70 분  73 초
                    60초
    3 시간  71 분  13 초
       60분
    4 시간  11 분  13 초
```

☆ 시간의 차에서 받아내림

1분=60초, 1시간=60분이므로 받아내림을 할 때 60을 내려줍니다.

```
         60
      3   9   60
    4 시간  10 분  20 초
−   1 시간  30 분  45 초
────────────────────────
    2 시간  39 분  35 초
```

개념 익히기

정답 29쪽 5-19

🖉 빈칸을 알맞게 채우세요.

1
```
    2 시간  25 분  32 초
+   1 시간  13 분  40 초
────────────────────────
    3 시간  38 분  72 초
                    60초
    3 시간  39 분  12 초
```

2
```
       2   60
    3 시간   7 분  55 초
−   1 시간  43 분  28 초
────────────────────────
    1 시간  24 분  27 초
```

156 — 초등수학 3학년 1학기

개념 다지기

정답 29~30쪽 5-20

🖉 시계를 알맞게 그리고, 빈칸을 채우세요.

'후'는 시간이 지나 거니까 더하기

1
```
    8시 15분 55초
+          15초
───────────────
    8시 15분 70초
→  8시 16분 10초
```
→ 15초 후

8시 15분 55초에서 15초가 지난 시각은 **8** 시 **16** 분 **10** 초 입니다.

2
```
    2시 25분 50초
+          20초
───────────────
    2시 25분 70초
→  2시 26분 10초
```
→ 20초 후

2시 25분 50초에서 20초가 지난 시각은 **2** 시 **26** 분 **10** 초 입니다.

3
```
    2시 40분
+      30분
──────────
    2시 70분
→  3시 10분
```
→ 30분 후

2시 40분에서 30분이 지난 시각은 **3** 시 **10** 분입니다.

4
```
    7시 15분
+      50분
──────────
    7시 65분
→  8시 5분
```
→ 50분 후

7시 15분에서 50분이 지난 시각은 **8** 시 **5** 분입니다.

5. 길이와 시간 — 157

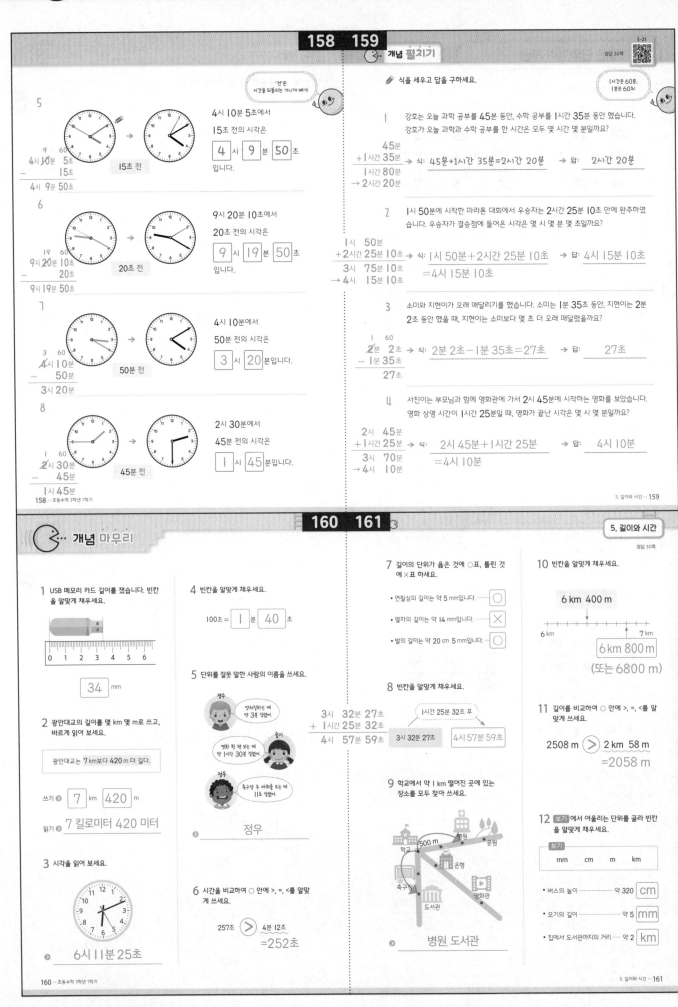

158 159 개념 펼치기

5

4시 10분 5초에서
15초 전의 시각은
4시 **9**분 **50**초
입니다.

4시 10분 5초
－ 15초
4시 9분 50초

6

9시 20분 10초에서
20초 전의 시각은
9시 **19**분 **50**초
입니다.

9시 20분 10초
－ 20초
9시 19분 50초

7

4시 10분에서
50분 전의 시각은
3시 **20**분입니다.

4시 10분
－ 50분
3시 20분

8

2시 30분에서
45분 전의 시각은
1시 **45**분입니다.

2시 30분
－ 45분
1시 45분

'전'은
시간을 되돌리는 거니까 빼기

식을 세우고 답을 구하세요.

1시간은 60분,
1분은 60초!

1 강호는 오늘 과학 공부를 45분 동안, 수학 공부를 1시간 35분 동안 했습니다. 강호가 오늘 과학과 수학 공부를 한 시간은 모두 몇 시간 몇 분일까요?

45분
＋1시간 35분
1시간 80분
→ 2시간 20분

→ 식: 45분＋1시간 35분＝2시간 20분 → 답: 2시간 20분

2 1시 50분에 시작한 마라톤 대회에서 우승자는 2시간 25분 10초 만에 완주하였습니다. 우승자가 결승점에 들어온 시각은 몇 시 몇 분 몇 초일까요?

1시 50분
＋2시간 25분 10초
3시 75분 10초
→ 4시 15분 10초

→ 식: 1시 50분＋2시간 25분 10초 → 답: 4시 15분 10초
＝4시 15분 10초

3 소미와 지현이가 오래 매달리기를 했습니다. 소미는 1분 35초 동안, 지현이는 2분 2초 동안 했을 때, 지현이는 소미보다 몇 초 더 오래 매달렸을까요?

1 60
2분 2초
－ 1분 35초
27초

→ 식: 2분 2초－1분 35초＝27초 → 답: 27초

4 서진이는 부모님과 함께 영화관에 가서 2시 45분에 시작하는 영화를 보았습니다. 영화 상영 시간이 1시간 25분일 때, 영화가 끝난 시각은 몇 시 몇 분일까요?

2시 45분
＋1시간 25분
3시 70분
→ 4시 10분

→ 식: 2시 45분＋1시간 25분 → 답: 4시 10분
＝4시 10분

160 161

개념 마무리

5. 길이와 시간

1 USB 메모리 카드 길이를 쟀습니다. 빈칸을 알맞게 채우세요.

34 mm

2 광안대교의 길이를 몇 km 몇 m로 쓰고, 바르게 읽어 보세요.

광안대교는 7 km보다 420 m 더 길다.

쓰기 ▶ **7** km **420** m

읽기 ▶ **7 킬로미터 420 미터**

3 시각을 읽어 보세요.

▶ **6시 11분 25초**

4 빈칸을 알맞게 채우세요.

100초＝ **1** 분 **40** 초

5 단위를 잘못 말한 사람의 이름을 쓰세요.

경수: 양치하는 데 약 3분 걸렸어.

승기: 영화 한 편 보는 데 약 1시간 30분 걸렸어.

정우: 축구장 두 바퀴를 도는 데 11초 걸렸어.

▶ **정우**

6 시간을 비교하여 ○ 안에 >, =, <를 알맞게 쓰세요.

257초 **>** 4분 12초
＝252초

7 길이의 단위가 옳은 것에 ○표, 틀린 것에 ×표 하세요.

• 연필심의 길이는 약 5 mm입니다. ⋯ **○**

• 열차의 길이는 약 14 mm입니다. ⋯ **×**

• 발의 길이는 약 20 cm 5 mm입니다. ⋯ **○**

8 빈칸을 알맞게 채우세요.

3시 32분 27초
＋ 1시간 25분 32초
4시 57분 59초

1시간 25분 32초 후
3시 32분 27초 → 4시 57분 59초

9 학교에서 약 1 km 떨어진 곳에 있는 장소를 모두 찾아 쓰세요.

▶ **병원, 도서관**

10 빈칸을 알맞게 채우세요.

6 km 400 m

6 km ⋯ 7 km

6 km 800 m
(또는 6800 m)

11 길이를 비교하여 ○ 안에 >, =, <를 알맞게 쓰세요.

2508 m **>** 2 km 58 m
＝2058 m

12 보기에서 어울리는 단위를 골라 빈칸을 알맞게 채우세요.

보기
| mm | cm | m | km |

• 버스의 높이 ⋯ 약 320 **cm**

• 모기의 길이 ⋯ 약 5 **mm**

• 집에서 도서관까지의 거리 ⋯ 약 2 **km**

13 1 km보다 더 긴 것을 모두 찾아 기호를 쓰세요.

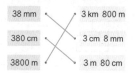

- ㉠ 30초 동안 달릴 수 있는 거리
- ㉡ 한라산의 높이
- ㉢ 농구 골대의 높이
- ㉣ 서울에서 부산까지의 거리

➡ ㉡, ㉣

14 관계있는 것끼리 선으로 이으세요.

38 mm	3 km 800 m
380 cm	3 cm 8 mm
3800 m	3 m 80 cm

15 계산해 보세요.

$$
\begin{array}{r}
58\ \ 60 \\
5\text{시} \ \cancel{59}\text{분} \ \ 4\text{초} \\
-\ 2\text{시간} \ 53\text{분} \ 13\text{초} \\
\hline
3\text{시} \ \ 5\text{분} \ 51\text{초}
\end{array}
$$

16 영화가 시작한 시각과 끝난 시각을 보고, 영화 상영 시간이 몇 시간 몇 분 몇 초였는지 구하세요.

영화가 시작한 시각 / 영화가 끝난 시각

➡ 1시간 49분 29초

$$
\begin{array}{r}
6 \ \ \ \ \ 60 \\
\cancel{7}\text{시} \ \ 40\text{분} \ 49\text{초} \\
-\ 5\text{시} \ \ 51\text{분} \ 20\text{초} \\
\hline
1\text{시간} \ 49\text{분} \ 29\text{초}
\end{array}
$$

17 주연이는 음악 축제에 참가하였습니다. 1시간 10분 안에 3가지 활동을 하려면 어떤 활동을 해야 할까요?

밴드 공연 감상
40분

기타 연주 체험
30분

음악가와의 만남
15분

전통음악 박물관 관람
23분

➡ 기타 연주 체험, 음악가와의 만남, 전통음악 박물관 관람

30+15+23=68(분) → 1시간 8분

18 인아와 재훈이 중에 누가 얼마나 더 오래 달렸는지 구하세요.

	달리기 시작 시각	달리기 끝난 시각
인아	1시 19분 52초	1시 36분 45초
재훈	2시 52분 20초	3시 13분 35초

(인아)
$$
\begin{array}{r}
35\ \ 60 \\
1\text{시} \ \cancel{36}\text{분} \ 45\text{초} \\
-\ 1\text{시} \ 19\text{분} \ 52\text{초} \\
\hline
16\text{분} \ 53\text{초}
\end{array}
$$

(재훈)
$$
\begin{array}{r}
2\ \ \ \ 60 \\
\cancel{3}\text{시} \ 13\text{분} \ 35\text{초} \\
-\ 2\text{시} \ 52\text{분} \ 20\text{초} \\
\hline
21\text{분} \ 15\text{초}
\end{array}
$$

$$
\begin{array}{r}
20\ \ \ \ 60 \\
\cancel{21}\text{분} \ 15\text{초} \\
-\ 16\text{분} \ 53\text{초} \\
\hline
4\text{분} \ 22\text{초}
\end{array}
$$

➡ 재훈 (이)가 4 분 22 초 더 오래 달렸습니다.

서술형

19 성일이는 2시 35분에서 5분 21초 후의 시각을 다음과 같이 계산했습니다. 잘못된 이유를 쓰고, 바르게 계산한 시각을 구하세요.

$$
\begin{array}{r}
2\text{시} \ \ 35\text{분} \\
+\ 5\text{분} \ 21\text{초} \\
\hline
7\text{시} \ \ 56\text{초}
\end{array}
$$

이유 ➡ ⓔ 같은 단위끼리 더해야 하는데 그렇게 하지 않았습니다.

답: 2시 40분 21초

$$
\begin{array}{r}
2\text{시} \ 35\text{분} \\
+\ \ \ \ \ 5\text{분} \ 21\text{초} \\
\hline
2\text{시} \ 40\text{분} \ 21\text{초}
\end{array}
$$

서술형

정답 31쪽

20 승완이는 할머니 댁에 꽃을 사서 가려고 합니다. 어떤 꽃 가게가 있는 길로 가는 것이 얼마나 더 짧은지 풀이 과정과 답을 쓰세요.

아름 꽃 가게 — 1 km 800 m — 할머니 댁
1 km 280 m — 780 m
승완이네 집 — 2 km 330 m — 향기 꽃 가게

풀이 ➡ ⓔ 아름 꽃 가게를 지나는 길은
1 km 280 m + 1 km 800 m = 3 km 80 m
이고, 향기 꽃 가게를 지나는 길은
2 km 330 m + 780 m = 3 km 110 m입니다.
따라서, 3 km 110 m − 3 km 80 m = 30 m
이므로 아름 꽃 가게를 지나는 길이 30 m 더 짧습니다.

답: 아름 꽃 가게를 지나는 길이 30 m 더 짧습니다.

$$
\begin{array}{r}
1 \\
1280 \\
+1800 \\
\hline
3080
\end{array}
\qquad
\begin{array}{r}
1\ \ 1 \\
2330 \\
+\ 780 \\
\hline
3110
\end{array}
\qquad
\begin{array}{r}
0\ 10 \\
3\cancel{1}10 \\
-3080 \\
\hline
30
\end{array}
$$

---

6. 분수와 소수

5. 길이와 시간
상상력 키우기

1 세상의 모든 길이를 m로만 표시한다면 어떤 일이 벌어질까요?

ⓔ 벌레의 크기나 연필심 두께와 같이 아주 짧은 길이를 표현하기 어려워져요.

2 '시각'과 '시간'을 넣어 재미있는 문장을 만들어 보세요.

ⓔ 친구와 만나기로 한 시각이 3시인데, 1시간이 지나도 친구가 안 온다.

6. 분수와 소수

이 단원에서 배울 내용

분수의 의미와 크기 비교, 소수의 의미와 크기 비교

① 똑같이 나누기
② 분수 (1)
③ 분수 (2)
④ 분수의 크기 비교
⑤ 단위분수의 크기 비교
⑥ 소수 (1)
⑦ 소수 (2)
⑧ 소수의 크기 비교

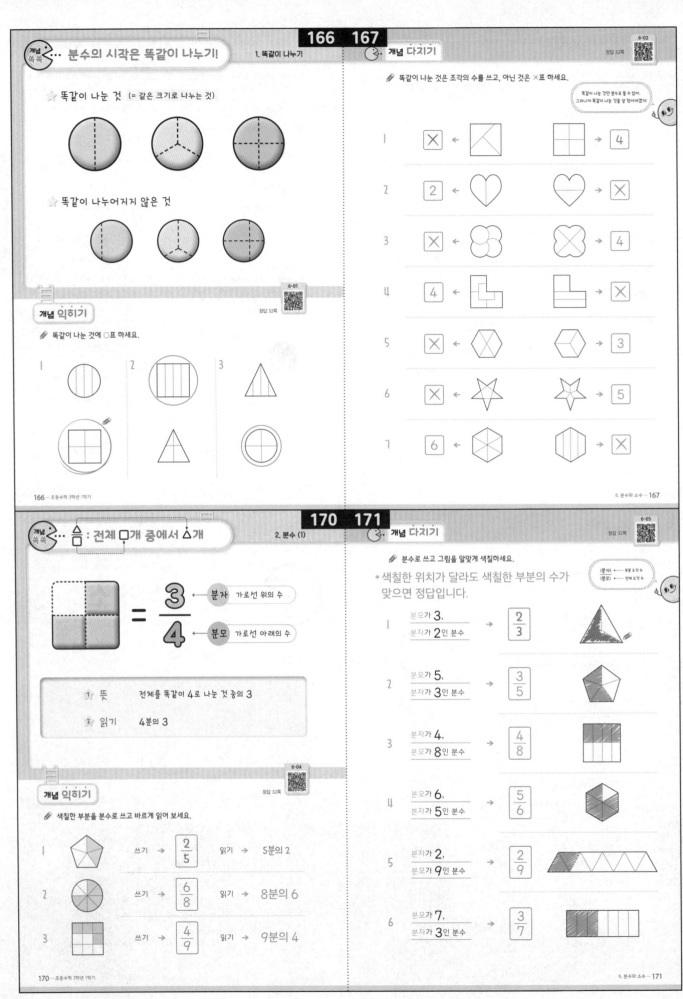

166   167

170   171

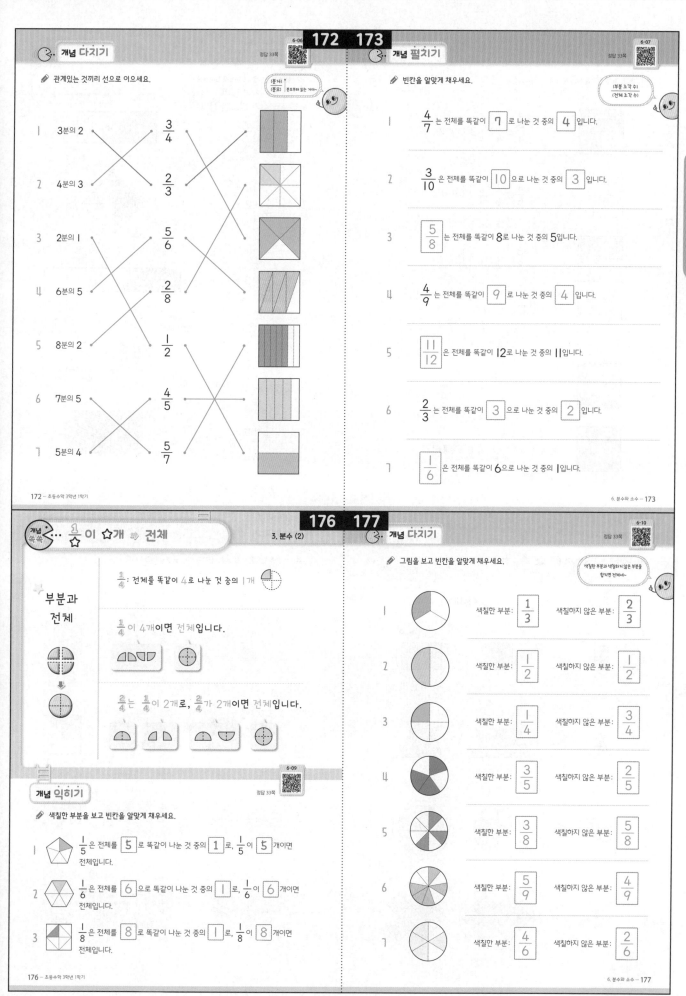

개념 다지기

정답 33쪽

관계있는 것끼리 선으로 이으세요.

(분자) 분모부터 읽는 거야~
(분모)

1	3분의 2	$\frac{3}{4}$
2	4분의 3	$\frac{2}{3}$
3	2분의 1	$\frac{5}{6}$
4	6분의 5	$\frac{2}{8}$
5	8분의 2	$\frac{1}{2}$
6	7분의 5	$\frac{4}{5}$
7	5분의 4	$\frac{5}{7}$

172 · 초등수학 3학년 1학기

개념 펼치기

정답 33쪽

빈칸을 알맞게 채우세요.

(부분 조각 수)
(전체 조각 수)

1   $\frac{4}{7}$ 는 전체를 똑같이 7 로 나눈 것 중의 4 입니다.

2   $\frac{3}{10}$ 은 전체를 똑같이 10 으로 나눈 것 중의 3 입니다.

3   $\frac{5}{8}$ 는 전체를 똑같이 8로 나눈 것 중의 5입니다.

4   $\frac{4}{9}$ 는 전체를 똑같이 9 로 나눈 것 중의 4 입니다.

5   $\frac{11}{12}$ 은 전체를 똑같이 12로 나눈 것 중의 11입니다.

6   $\frac{2}{3}$ 는 전체를 똑같이 3 으로 나눈 것 중의 2 입니다.

7   $\frac{1}{6}$ 은 전체를 똑같이 6으로 나눈 것 중의 1입니다.

6. 분수와 소수 · 173

개념 쏙쏙 ··· ☆이 ☆개 ➡ 전체

3. 분수 (2)

부분과 전체

$\frac{1}{4}$: 전체를 똑같이 4로 나눈 것 중의 1개

$\frac{1}{4}$ 이 4개이면 전체입니다.

$\frac{2}{4}$ 는 $\frac{1}{4}$ 이 2개로, $\frac{2}{4}$ 가 2개이면 전체입니다.

개념 익히기

정답 33쪽

색칠한 부분을 보고 빈칸을 알맞게 채우세요.

1   $\frac{1}{5}$ 은 전체를 5 로 똑같이 나눈 것 중의 1 로, $\frac{1}{5}$ 이 5 개이면 전체입니다.

2   $\frac{1}{6}$ 은 전체를 6 으로 똑같이 나눈 것 중의 1 로, $\frac{1}{6}$ 이 6 개이면 전체입니다.

3   $\frac{1}{8}$ 은 전체를 8 로 똑같이 나눈 것 중의 1 로, $\frac{1}{8}$ 이 8 개이면 전체입니다.

176 · 초등수학 3학년 1학기

개념 다지기

정답 33쪽

그림을 보고 빈칸을 알맞게 채우세요.

색칠한 부분과 색칠하지 않은 부분을 합치면 전체에요~

	색칠한 부분	색칠하지 않은 부분
1	$\frac{1}{3}$	$\frac{2}{3}$
2	$\frac{1}{2}$	$\frac{1}{2}$
3	$\frac{1}{4}$	$\frac{3}{4}$
4	$\frac{3}{5}$	$\frac{2}{5}$
5	$\frac{3}{8}$	$\frac{5}{8}$
6	$\frac{5}{9}$	$\frac{4}{9}$
7	$\frac{4}{6}$	$\frac{2}{6}$

6. 분수와 소수 · 177

178 179

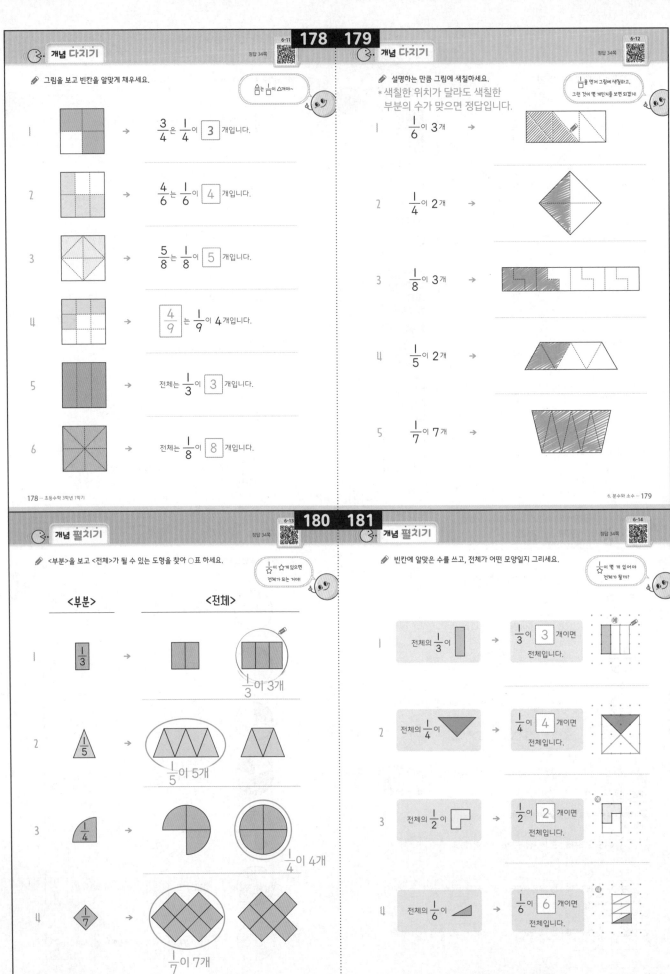

개념 다지기

6-11 정답 34쪽

그림을 보고 빈칸을 알맞게 채우세요.

$\frac{☐}{☐}$ 는 $\frac{1}{☐}$ 이 △개야~

1 $\frac{3}{4}$ 은 $\frac{1}{4}$ 이 **3** 개입니다.

2 $\frac{4}{6}$ 는 $\frac{1}{6}$ 이 **4** 개입니다.

3 $\frac{5}{8}$ 는 $\frac{1}{8}$ 이 **5** 개입니다.

4 $\frac{4}{9}$ 는 $\frac{1}{9}$ 이 4개입니다.

5 전체는 $\frac{1}{3}$ 이 **3** 개입니다.

6 전체는 $\frac{1}{8}$ 이 **8** 개입니다.

178 — 초등수학 3학년 1학기

개념 다지기

6-12 정답 34쪽

설명하는 만큼 그림에 색칠하세요.
* 색칠한 위치가 달라도 색칠한 부분의 수가 맞으면 정답입니다.

$\frac{1}{☐}$ 을 먼저 그림에 색칠하고, 그런 것이 몇 개인지를 보면 되겠지

1 $\frac{1}{6}$ 이 3개 →

2 $\frac{1}{4}$ 이 2개 →

3 $\frac{1}{8}$ 이 3개 →

4 $\frac{1}{5}$ 이 2개 →

5 $\frac{1}{7}$ 이 7개 →

6. 분수와 소수 — 179

180 181

개념 펼치기

6-13 정답 34쪽

<부분>을 보고 <전체>가 될 수 있는 도형을 찾아 ○표 하세요.

$\frac{1}{☆}$ 이 ☆개 있으면 전체가 되는 거야

<부분>	<전체>
1 $\frac{1}{3}$	$\frac{1}{3}$ 이 3개
2 $\frac{1}{5}$	$\frac{1}{5}$ 이 5개
3 $\frac{1}{4}$	$\frac{1}{4}$ 이 4개
4 $\frac{1}{7}$	$\frac{1}{7}$ 이 7개

180 — 초등수학 3학년 1학기

개념 펼치기

6-14 정답 34쪽

빈칸에 알맞은 수를 쓰고, 전체가 어떤 모양일지 그리세요.

$\frac{1}{☆}$ 이 몇 개 있어야 전체가 될까?

1 전체의 $\frac{1}{3}$ 이 → $\frac{1}{3}$ 이 **3** 개이면 전체입니다.

2 전체의 $\frac{1}{4}$ 이 → $\frac{1}{4}$ 이 **4** 개이면 전체입니다.

3 전체의 $\frac{1}{2}$ 이 → $\frac{1}{2}$ 이 **2** 개이면 전체입니다.

4 전체의 $\frac{1}{6}$ 이 → $\frac{1}{6}$ 이 **6** 개이면 전체입니다.

6. 분수와 소수 — 181

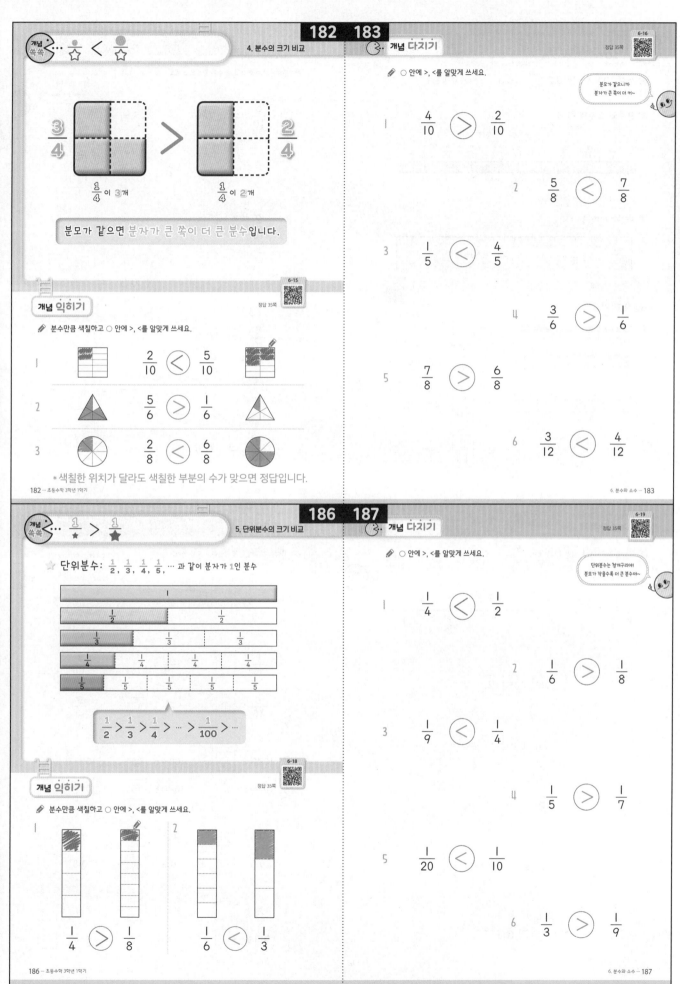

개념 쏙쏙 ☆/4 < ●/4

4. 분수의 크기 비교

3/4 > 2/4

1/4 이 3개   1/4 이 2개

분모가 같으면 분자가 큰 쪽이 더 큰 분수입니다.

개념 익히기   6-15
정답 35쪽

✏ 분수만큼 색칠하고 ○안에 >, <를 알맞게 쓰세요.

1   2/10 < 5/10

2   5/6 > 1/6

3   2/8 < 6/8

*색칠한 위치가 달라도 색칠한 부분의 수가 맞으면 정답입니다.

182 ·· 초등수학 3학년 1학기

개념 다지기   6-16
정답 35쪽

✏ ○안에 >, <를 알맞게 쓰세요.

분모가 같으니까 분자가 큰 쪽이 더 커~

1   4/10 > 2/10

2   5/8 < 7/8

3   1/5 < 4/5

4   3/6 > 1/6

5   7/8 > 6/8

6   3/12 < 4/12

6. 분수와 소수 ·· 183

개념 쏙쏙 1/★ > 1/★

5. 단위분수의 크기 비교

☆ 단위분수: 1/2, 1/3, 1/4, 1/5, … 과 같이 분자가 1인 분수

1
1/2   1/2
1/3   1/3   1/3
1/4   1/4   1/4   1/4
1/5   1/5   1/5   1/5   1/5

1/2 > 1/3 > 1/4 > … > 1/100 > …

개념 익히기   6-18
정답 35쪽

✏ 분수만큼 색칠하고 ○안에 >, <를 알맞게 쓰세요.

1   2

1/4 > 1/8   1/6 < 1/3

186 ·· 초등수학 3학년 1학기

개념 다지기   6-19
정답 35쪽

✏ ○안에 >, <를 알맞게 쓰세요.

단위분수는 청개구리야! 분모가 작을수록 더 큰 분수야~

1   1/4 < 1/2

2   1/6 > 1/8

3   1/9 < 1/4

4   1/5 > 1/7

5   1/20 < 1/10

6   1/3 > 1/9

6. 분수와 소수 ·· 187

정답 및 해설

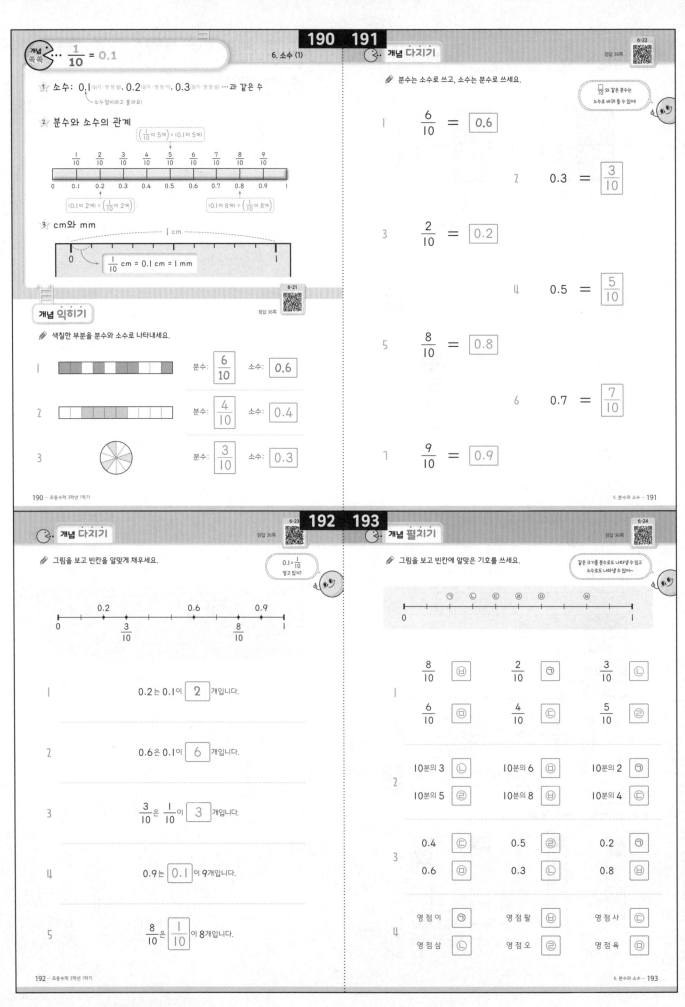

개념 쏙쏙 ··· $\frac{1}{10}$ = 0.1

6. 소수 (1)

1 소수: 0.1 (읽기: 영점 일), 0.2 (읽기: 영점 이), 0.3 (읽기: 영점 삼) …과 같은 수

소수점이라고 불러요!

2 분수와 소수의 관계

$\left(\frac{1}{10}$이 5개$\right)$ = (0.1이 5개)

$\frac{1}{10}$ $\frac{2}{10}$ $\frac{3}{10}$ $\frac{4}{10}$ $\frac{5}{10}$ $\frac{6}{10}$ $\frac{7}{10}$ $\frac{8}{10}$ $\frac{9}{10}$

0 0.1 0.2 0.3 0.4 0.5 0.6 0.7 0.8 0.9 1

(0.1이 2개) = $\left(\frac{1}{10}$이 2개$\right)$

(0.1이 8개) = $\left(\frac{1}{10}$이 8개$\right)$

3 cm와 mm

1 cm

0 1

$\frac{1}{10}$ cm = 0.1 cm = 1 mm

개념 익히기

6-21
정답 36쪽

✎ 색칠한 부분을 분수와 소수로 나타내세요.

1 분수: $\frac{6}{10}$ 소수: 0.6

2 분수: $\frac{4}{10}$ 소수: 0.4

3 분수: $\frac{3}{10}$ 소수: 0.3

개념 다지기

6-22
정답 36쪽

✎ 분수는 소수로 쓰고, 소수는 분수로 쓰세요.

$\frac{분수}{}$ 와 같은 분수는 소수로 바꿔 줄 수 있어!

1 $\frac{6}{10}$ = 0.6

2 0.3 = $\frac{3}{10}$

3 $\frac{2}{10}$ = 0.2

4 0.5 = $\frac{5}{10}$

5 $\frac{8}{10}$ = 0.8

6 0.7 = $\frac{7}{10}$

7 $\frac{9}{10}$ = 0.9

개념 다지기

6-23
정답 36쪽

✎ 그림을 보고 빈칸을 알맞게 채우세요.

0.1 = $\frac{1}{10}$ 알고 있지?

0.2 0.6 0.9

0 $\frac{3}{10}$ $\frac{8}{10}$ 1

1 0.2는 0.1이 2 개입니다.

2 0.6은 0.1이 6 개입니다.

3 $\frac{3}{10}$은 $\frac{1}{10}$이 3 개입니다.

4 0.9는 0.1 이 9개입니다.

5 $\frac{8}{10}$은 $\frac{1}{10}$이 8개입니다.

개념 펼치기

6-24
정답 36쪽

✎ 그림을 보고 빈칸에 알맞은 기호를 쓰세요.

같은 크기를 분수로도 나타낼 수 있고 소수로도 나타낼 수 있어~

㉠ ㉡ ㉢ ㉣ ㉤ ㉥

0 1

1 $\frac{8}{10}$ ㉥ $\frac{2}{10}$ ㉠ $\frac{3}{10}$ ㉡

$\frac{6}{10}$ ㉣ $\frac{4}{10}$ ㉢ $\frac{5}{10}$ ㉤

2 10분의 3 ㉡ 10분의 6 ㉣ 10분의 2 ㉠

10분의 5 ㉣ 10분의 8 ㉥ 10분의 4 ㉢

3 0.4 ㉢ 0.5 ㉣ 0.2 ㉠

0.6 ㉤ 0.3 ㉡ 0.8 ㉥

4 영점 이 ㉠ 영점 팔 ㉥ 영점 사 ㉢

영점 삼 ㉡ 영점 오 ㉣ 영점 육 ㉤

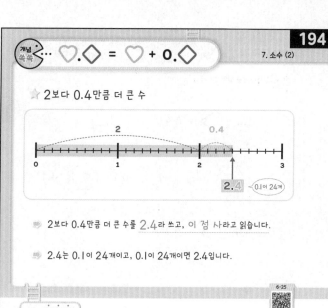

개념 쏙쏙 ··· ♡.◇ = ♡ + 0.◇

7. 소수 (2)

★ 2보다 0.4만큼 더 큰 수

2.4 ← 0.1이 24개

➡ 2보다 0.4만큼 더 큰 수를 **2.4**라 쓰고, 이 점 **사**라고 읽습니다.

➡ 2.4는 0.1이 24개이고, 0.1이 24개이면 2.4입니다.

개념 익히기

6-25
정답 37쪽

✐ 그림을 보고 색칠한 부분을 소수로 나타내세요.

1.  → 3.3

2. → 3.7

3.  → 1.5

개념 다지기

6-26
정답 37쪽

✐ 빈칸을 알맞게 채우세요.

♡.◇
♡점◇ 라고 읽게

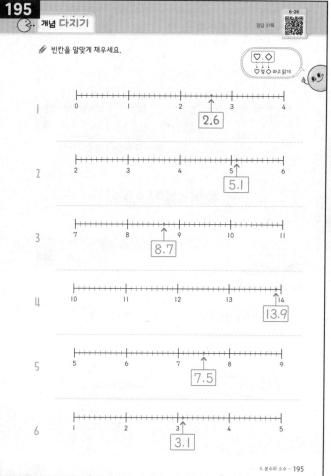

1. 2.6

2. 5.1

3. 8.7

4. 13.9

5. 7.5

6. 3.1

개념 펼치기

✐ 빈칸을 알맞게 채우세요.

1 mm = 0.1 cm
알고 있지?

1. 21 cm 8 mm = 21.8 cm

2. 3 cm 4 mm = 3.4 cm

3. 28 mm = 2.8 cm

4. 12 cm 6 mm = 12.6 cm

5. 14 mm = 1.4 cm

6. 2 cm 5 mm = 2.5 cm

7. 72 mm = 7.2 cm

6-27
정답 37쪽

0.1이 10개이면 1이야

8. 3.2는 0.1이 32 개입니다.

9. 7.1은 0.1이 71 개입니다.

10. 0.1이 17개이면 1.7 입니다.

11. 2.9 는 0.1이 29개입니다.

12. 0.1이 30개이면 3 입니다.

13. 5.3 은 0.1이 53개입니다.

14. 7 은 0.1이 70개입니다.

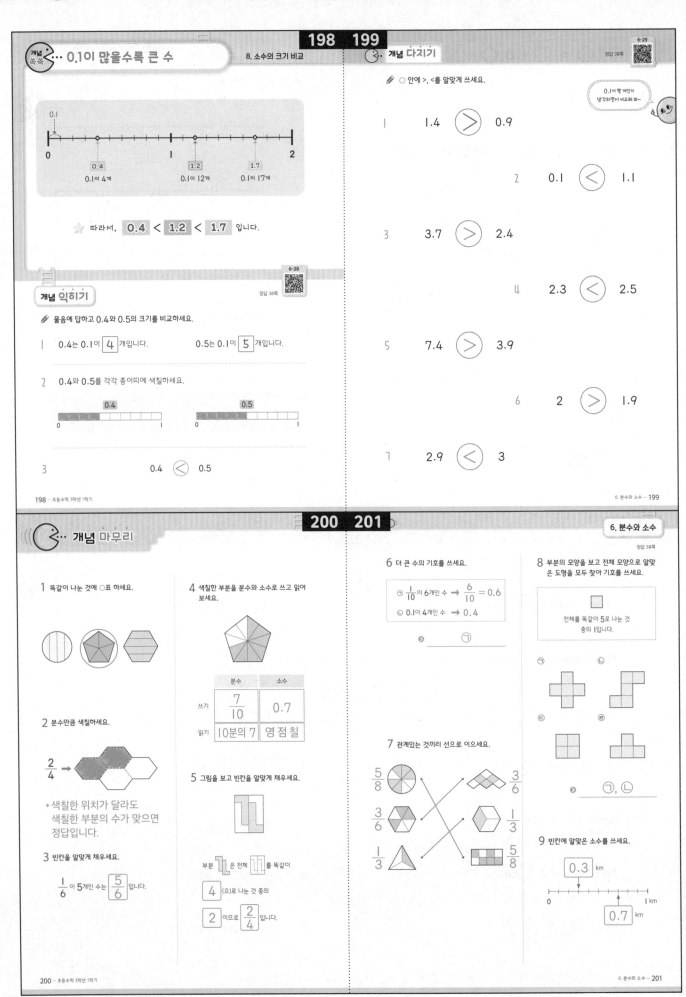

198 199

개념 쏙쏙 ⋯ 0.1이 많을수록 큰 수

8. 소수의 크기 비교

따라서, **0.4** < **1.2** < **1.7** 입니다.

개념 익히기

6-28
정답 38쪽

✎ 물음에 답하고 0.4와 0.5의 크기를 비교하세요.

1 0.4는 0.1이 **4** 개입니다.   0.5는 0.1이 **5** 개입니다.

2 0.4와 0.5를 각각 종이띠에 색칠하세요.

3   0.4 < 0.5

198 ― 초등수학 3학년 1학기

개념 다지기

6-29
정답 38쪽

✎ ○ 안에 >, <를 알맞게 쓰세요.

0.1이 몇 개인지
생각하면서 비교해 봐~

1   1.4 > 0.9

2   0.1 < 1.1

3   3.7 > 2.4

4   2.3 < 2.5

5   7.4 > 3.9

6   2   > 1.9

7   2.9 < 3

6. 분수와 소수 ― 199

200 201

개념 마무리

6. 분수와 소수

정답 38쪽

1 똑같이 나눈 것에 ○표 하세요.

2 분수만큼 색칠하세요.

$\frac{2}{4}$ →

*색칠한 위치가 달라도
 색칠한 부분의 수가 맞으면
 정답입니다.

3 빈칸을 알맞게 채우세요.

$\frac{1}{6}$ 이 5개인 수는 $\frac{5}{6}$ 입니다.

4 색칠한 부분을 분수와 소수로 쓰고 읽어
 보세요.

	분수	소수
쓰기	$\frac{7}{10}$	0.7
읽기	10분의 7	영 점 칠

5 그림을 보고 빈칸을 알맞게 채우세요.

부분 ⌐」은 전체 ⌐」를 똑같이

4 (으)로 나눈 것 중의

2 이므로 $\frac{2}{4}$ 입니다.

6 더 큰 수의 기호를 쓰세요.

ㄱ $\frac{1}{10}$ 이 6개인 수 → $\frac{6}{10}$ = 0.6

ㄴ 0.1이 4개인 수 → 0.4

➡ _____ㄱ_____

7 관계있는 것끼리 선으로 이으세요.

$\frac{5}{8}$ $\frac{3}{6}$

$\frac{3}{6}$ $\frac{1}{3}$

$\frac{1}{3}$ $\frac{5}{8}$

8 부분의 모양을 보고 전체 모양으로 알맞
 은 도형을 모두 찾아 기호를 쓰세요.

전체를 똑같이 5로 나눈 것
중의 1입니다.

ㄱ   ㄴ

ㄷ   ㄹ

➡ _____ㄱ, ㄴ_____

9 빈칸에 알맞은 소수를 쓰세요.

0.3 km

0 ──────── 1 km

0.7 km

200 ― 초등수학 3학년 1학기

6. 분수와 소수 ― 201

10 색칠한 부분과 색칠하지 않은 부분을 각각 분수로 쓰세요.

색칠한 부분: $\dfrac{1}{4}$

색칠하지 않은 부분: $\dfrac{3}{4}$

11 분수의 크기가 큰 것부터 차례대로 기호를 쓰세요.

⊙ $\dfrac{5}{13}$　　ⓒ $\dfrac{9}{13}$

ⓒ $\dfrac{12}{13}$　　ⓔ $\dfrac{3}{13}$

▶ ⓒ, ⓛ, ⊙, ⓔ

12 분수의 크기가 작은 것부터 차례대로 기호를 쓰세요.

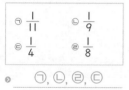

⊙ $\dfrac{1}{11}$　　ⓛ $\dfrac{1}{9}$

ⓒ $\dfrac{1}{4}$　　ⓔ $\dfrac{1}{8}$

▶ ⊙, ⓛ, ⓔ, ⓒ

13 빈칸에 들어갈 수 있는 수를 모두 찾아 ○표 하세요.

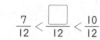

1 2 3 4 5 6 7 ⑧ ⑨

$\dfrac{7}{12} < \dfrac{\boxed{}}{12} < \dfrac{10}{12}$

14 ○ 안에 >, =, <를 알맞게 쓰세요.

$4.8 \;\;\gt\;\; 4.5$

15 수연, 명재, 채영이가 먹고 남긴 피자의 양만큼 색칠하고, 피자를 가장 많이 먹은 사람이 누구인지 쓰세요.

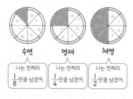

수연　　　명재　　　채영

나는 전체의 $\dfrac{1}{8}$만큼 남겼어.

나는 전체의 $\dfrac{1}{4}$만큼 남겼어.

나는 전체의 $\dfrac{1}{2}$만큼 남겼어.

▶ 　수연

색칠된 부분이 먹고 남긴 양이므로 가장 많이 먹은 사람은 수연입니다.

16 강민이는 음료수의 $\dfrac{1}{3}$만큼을 마셨습니다. 남은 양은 전체 음료수의 몇 분의 몇만큼일까요?

$\dfrac{2}{3}$

17 빈칸에 들어갈 수 있는 수를 모두 찾아 ○표 하세요.

① ② ③ 4 5 6 7 8 9

$5.4 > 5.\boxed{}$

18 3장의 수 카드 중 2장을 골라 소수를 만듭니다. 가장 작은 소수를 쓰세요.

0　6　2

0 . 2

정답 39쪽

서술형

19 우주가 $\dfrac{1}{4}$만큼을 색칠한 그림입니다. 잘못된 이유를 설명하세요.

이유 ▶ 예 $\dfrac{1}{4}$은 전체를 똑같이 4로 나눈 것 중의 1인데, 우주는 사각형을 똑같이 4로 나누지 않았기 때문입니다.

서술형

20 세일이는 사슴벌레와 매미를 관찰했습니다. 사슴벌레의 길이는 6 cm보다 8 mm 길고, 매미의 길이는 6.3 cm입니다. 어느 곤충의 길이가 더 긴지 풀이 과정과 답을 쓰세요.

풀이 ▶ 예 사슴벌레의 길이는 6.8 cm이고 매미의 길이는 6.3 cm입니다. 6.8>6.3이므로 사슴벌레의 길이가 더 깁니다.

답: 사슴벌레

6. 분수와 소수

상상력 키우기

1 $\dfrac{2}{3}$를 영어로는 어떻게 읽을까요? 한국어와 영어 중 어느 쪽이 분수를 읽고 쓰기에 더 편리한 것 같나요?

예 영어로 two thirds라고 읽습니다. 한국어로 읽는 게 더 편리해요. 왜냐하면 분수를 읽을 때 ~분의가 들어가서 읽은 수가 분수라는 걸 바로 알 수 있기 때문입니다.

2 마트에서 소수가 적혀 있는 물건의 사진을 찍어 보세요. 어떤 사진을 찍었나요?

예 1.5 L 음료수, 세제 성분표

그림으로 개념 잡는
초등수학

교육 R&D에 앞서가는
Key 키출판사